Another Architecture

MARK

国际最新建筑设计

中文版 No. 

華中科技大學出版社
http://www.hustp.com
中国 · 武汉

Another Architecture

MARK

国际最新建筑设计
中文版 No.1

英文版

主编（Editor in Chief）：
阿瑟·沃特曼（Arthur Wortmann）
编辑团队（Editorial）：
荷兰 MARK 编辑部
（MARK Editorial in the Netherlands）

中文版

出 版 人： 阮海洪
执行编辑： 张淑梅
英文翻译： 张靓秋 / 朱颖 / 周洋 / 周典富

图书在版编目（CIP）数据

MARK 国际最新建筑设计 中文版 No.1 / 荷兰MARK编辑部 编；
张靓秋，等 译.
—武汉：华中科技大学出版社，2017. 4
（MARK系列）
ISBN 978-7-5680-2580-5

Ⅰ.①M… Ⅱ.①荷… ②张… Ⅲ.①建筑设计–作品集–世界–现代
Ⅳ.①TU206

中国版本图书馆CIP数据核字（2017）第040062号

湖北省版权局著作权合同登记 图字：17-2017-059 号

MARK 国际最新建筑设计
中文版 No.1　　荷兰 MARK 编辑部 编

出版发行：华中科技大学出版社（中国·武汉）
地　　址：武汉市东湖新技术开发区华工科技园
电　　话：（027）81321913
邮　　编：430223

责任编辑：赵　萌
美术编辑：赵　娜
责任监印：秦　英

印　　刷：北京文昌阁彩色印刷有限责任公司
开　　本：965 mm × 1270 mm 1/16
印　　张：9
字　　数：130千字
版　　次：2017年4月第1版 第1次印刷
定　　价：98.00 元

華中出版
编辑邮箱：zhangsm@hustp.com
本书若有印装质量问题，请向出版社营销中心调换
全国免费服务热线：400-6679-118 竭诚为您服务

Another Architecture

MARK

国际最新建筑设计

中文版 No.1

1

2

3

效果图 /A2 Studio

4

1 霍隆大厦（Holon House）
荷兰阿姆斯特丹
OJO（Office Jarrik Ouburg 建筑公司）和
FreyH 工作室
• 为 BDP 地产发展有限公司（BDP Ontwikkeling）设计的带有紧凑单身公寓的住宅楼，高 70 m。
规划阶段
jarrikouburg.com
freyh.nl

2 翻转大厦（Flipped Houses）
英国伦敦
Nooyoon 设计（Hyuntek Yoon）
• 为 Metsä Wood 木材公司的 B 期竞标所设计的住宅，该住宅从上至下都使用木结构，建造在一栋既有建筑的平台上。
竞标方案
nooyoon.com

3 西部节奏（West Beat）
荷兰阿姆斯特丹
Studioninedots
• 设有住宅、办公室、服务设施和停车场，面积为 21 400 m^2 的建筑物。
中标方案，预计 2020 年完工
studioninedots.nl

4 新 Nobelaer 大楼（Nieuwe Nobelaer）
荷兰埃滕 - 勒尔
TenBrasWestinga
• 功能齐全的文化中心，能够承担演艺和教育的功能，设有影剧院和工作室、图书馆和咖啡厅。
预计 2019 年的 10 月完工
tenbraswestinga.nl

5 金地集团长寿路段项目
中国上海
Aedas (Andrew Bromberg)
• 为金地地产投资有限公司设计的 45 000 m^2 的办公大楼，设有用作零售功能的裙楼。
预计 2019 年完工
aedas.com

6 反武力文化中心（Disarming Culture）
波兰华沙
Krzysztof Wodiczko 和 Jarosaw Kozakiewicz
• 反武力文化中心位于 Pilsudski 广场之下。
概念设计
zacheta.art.pl

7 食物文化大楼（House of Food Culture）
丹麦哥本哈根
COBE
• 设有 30 个住宅公寓和美食广场的建筑，位于新建成的城市环线地铁站的入口之上。
预计完工的日期还未确定
cobe.dk

5

6

7

柏林文化中心（Kulturforum Berlin）

赫尔佐格和德•梅隆事务所（Herzog & de Meuron）和Vogt景观建筑公司（Vogt Landschaftsarchitekten）赢得了位于柏林的新文化中心的设计竞赛。这个“20世纪博物馆”将会为密斯•凡•德•罗所设计的柏林新国立美术馆（Neue Nationalgalerie）提供额外的展示空间。该美术馆刚好比邻即将兴建的柏林文化中心。两栋建筑物将会在地下连接。此次建筑竞赛由普鲁士文化遗产基金会（Stiftung Preussischer Kulturbesitz）组织。该设计方案从42个参选方案中脱颖而出，但新建筑的预计完成时间还未确定。

1

2

3

4

5

1 Bruno Fioretti Marquez and Capatti Staubach
景观建筑公司
第三名
bfm.berlin
capattistaubach.de

2 Lundgaard & Tranberg 和 Schønherr
第二名
ltarkitekter.dk
schonherr.dk

3 OMA 和 Inside Outside
荣誉提名
oma.eu
insideoutside.nl

4 Aires Mateus 和 PROAP
荣誉提名
airesmateus.com
proap.pt

5 Staab 建筑事务所和 Levin Monsigny
景观建筑事务所
荣誉提名
staab-architekten.com
levin-monsigny.eu

6 SANAA 和 Bureau Bas Smets
荣誉提名
sanaa.co.jp
bassmets.be

7 Herzog & de Meuron 和 Vogt
景观建筑事务所
第一名
herzogdemeuron.com
vogt-la.com

6

7

考那斯科学岛（Science Island Kaunas）

在为坐落于考那斯（Kaunas）的立陶宛国立科学创新中心 (National Science and Innovation Centre of Lithuania) 举行的不记名公开设计竞赛中，有三家事务所获奖，它们分别是 SMAR 建筑事务所、SimpsonHaugh 建筑事务所和陈东华建筑事务所（Donghua Chen Studio）。该项目的预算约为 2500 万欧元。该设计竞赛由马尔科姆 • 雷丁顾问公司 (Malcolm Reading Consultants) 组织，收到了来自 44 个国家的 144 个竞标方案，旨在为涅穆纳斯岛（Nemunas Island）提供中心地区的建筑设计及城市规划方案。目前，还未有这三家公司与考那斯市政厅签署正式合约的相关通知报出，他们即将进入协商阶段，而其中的一个建筑师或设计团队将会被录用，继续完成该建筑的设计。

1

2

3

4

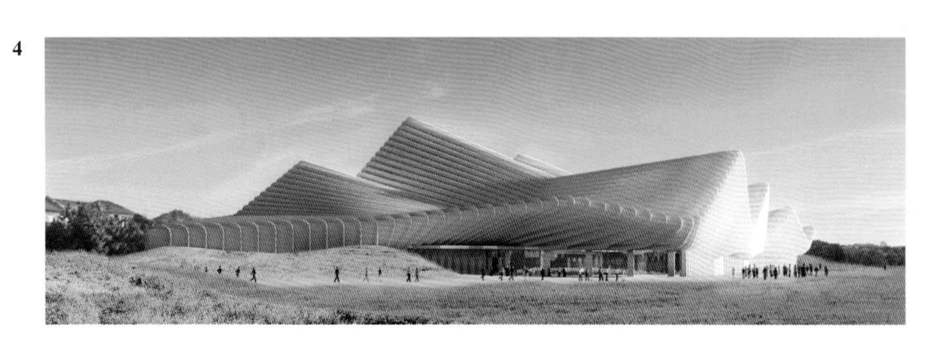

5

1 陈东华建筑事务所获奖项目

2 SMAR 建筑事务所获奖项目
smar-architects.com

3 BREAD 建筑事务所
breadstudio.com

4 SimpsonHaugh 建筑事务所获奖项目
simpsonhaugh.com

5 FARA-ON
fara-on.cz

加劳德特大学（Gallaudet University）

位于华盛顿的加劳德特大学及其合作伙伴 JBG 公司宣布，来自北爱尔兰贝尔法斯特的 Hall McKnight 赢得了该大学的设计竞标。该竞赛的主要任务包括设计新的地标建筑、重新调整校园空间。这个开发项目面积为 110 000 m^2，位于加劳德特大学和 JBG 公司之间，旨在激活该大学沿第六街且毗邻历史校区的区域，这次的比赛是针对该项目的 I 期。加劳德特大学成立于 1864 年，是一座为听觉障碍学生而设立的文科大学。该设计竞赛分为三个阶段，由马尔科姆•雷丁顾问公司组织。此次比赛结果的宣布成为整个设计竞赛的高潮。

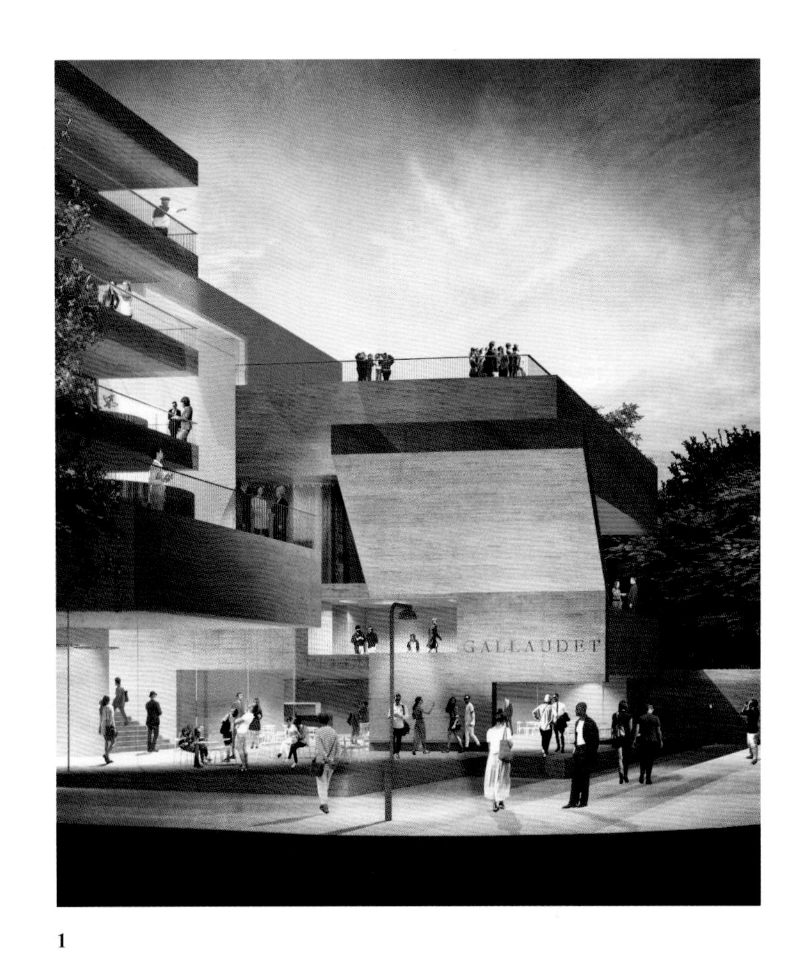

1

1 Hall McKnight
第一名
hallmcknight.com

2 Kennedy & Violich 建筑事务所
第二名
kvarch.net

3 MASS Design Group
第二名
massdesigngroup.org

4 Marvel Architects
第二名
marvelarchitects.com

2

3

4

中国结步行桥：与场地文脉相联系

Next 建筑事务所设计的长沙的大桥，所连接的不仅是河的两岸。

纵剖面

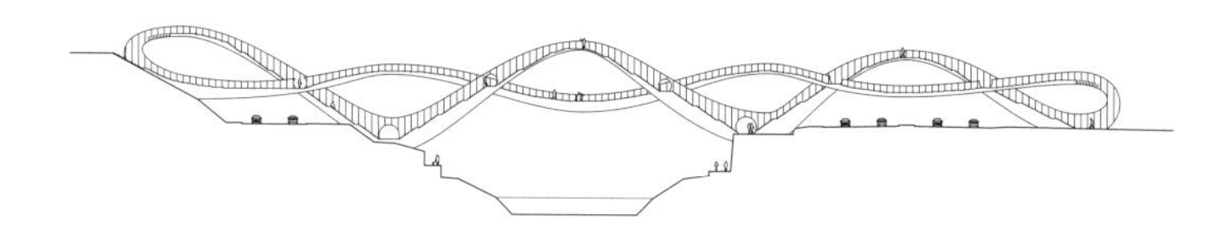

平面

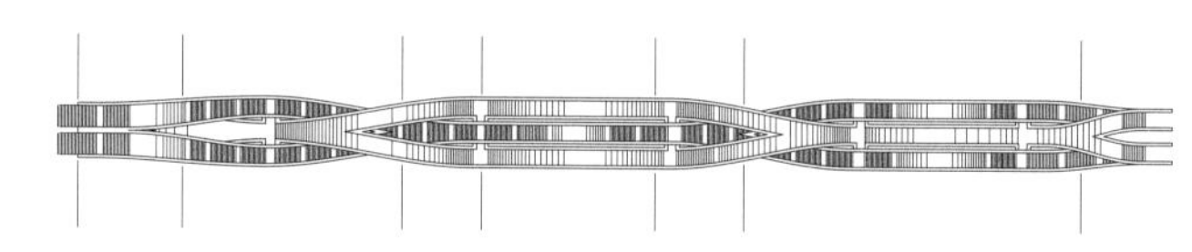

文 / 坎贝尔 • 麦克尼尔（Campbell McNeill）
图 / 朱利恩 • 拉诺（Julien Lanoo）

追溯历史，桥梁作为一种建筑类型，使得建筑师能够对基础设施的建造有所参与。与此同时，在这个领域中，建筑师亦能够选择一种设计方式，使这样的连接超越纯粹的使用功能上的连接。Next 建筑事务所在阿姆斯特丹和北京都设有办事处，以能够将普通的桥梁转化为令人激动的奇景而享有盛名。近期在长沙落成的项目——中国结步行桥，虽然坐落于一片普通的住宅楼之中，但是这座桥还是毫不例外地成就了一个奇景。

这座桥背后有怎样的故事呢？

MICHEL SCHREINEMACHERS（Next 建筑事务所）：该设计竞赛要求设计者提供能够连接两岸之间不同层次和各个高度的桥梁解决方案，将河岸、道路和位于高处的公园，以及介于这些不同的元素之间的连接点串联在一起。我们在设计中寻求一种途径，以一种近乎直白的表达方式将从河的一岸到往另一岸的不同人流“连接”在一起。桥梁的造型参考了中国古老的民间艺术中象征幸运和繁荣的“中国结”，借助该强有力的造型，使得不同的人流重叠和交织在一起。

在敲定了该桥梁的基本造型之后，对我们来说主要的挑战就是设计一种能够允许行人从一条路去往另外一条路的连接点。我们在该处的设计也从当地的传统和建筑历史中汲取了灵感。我们采用了传统中国园林中的行人走廊常使用的圆形月门，并且在桥梁中使用了钢桁架用以保证有足够的空间来创建这种走道。

“中国结”醒目的造型结合了该地正试图建立的地区形象。大桥配备安装了 LED 灯，成为河岸灯光设计的一部分。桥的两侧和底部被钢铁网面所覆盖，网上的开孔使得光线能够穿透，因此人们能够欣赏到为该桥梁所特别设计的灯光景观。“中国结”不仅仅是一个起着连接作用的基础设施，也是通往某地的一个通道，而且是一幅具有欣赏价值的艺术作品。游人为了观赏大桥而专程来此，于是它成了人们争相到访的目的地。

nextarchitects.com

BNL-BNP Paribas 银行总部：大银行理论

5+1AA 建筑事务所赋予了其设计的位于罗马的银行大厦两副不同面孔。

文 / 莫妮卡 • 泽尔博尼（Monica Zerboni）
图 / 卢克 • 伯格利（Luc Boegly）

花费预算 8300 万欧元、位于罗马的 BNL-BNP Paribas 银行总部在历时仅 36 个月的建设工程后正式落成。该项目拥有长 235 m 的临街面和 30 000 m^2 闪闪发光的立面，地上为 12 层，室内面积为 75 000 m^2，其中包括办公室、一个自助餐厅、一个食堂和一个音乐厅。自 2016 年 12 月始，已经有 3300 名员工开始在这里工作。

该项目位于罗马的东北边界地区，一边是高密度的 Pietralata 居住区，另一边则是 Tiburtina 高速铁路火车站。在进行该项目的设计时，建筑师在试图满足客户对新建筑大体量、具有代表性的要求的同时，亦试图能够与该处的城市肌理相得益彰。

"在设计该项目时，我们引用了古罗马时间神即'两面神'（Janus）的概念，他通常被描述为拥有两副不同的面孔，"阿方索 • 费米亚（Alfonso Femia）和詹卢卡 • 佩卢福（Gianluca Peluffo）解释道，他们是 5+1AA 建筑事务所对该项目的主要负责人。根据不同视角的变化，该组合式建筑给人的感觉可能是动态的或静止的，水平的或垂直的。通过一系列不完整的线条，这栋建筑被轻柔地包裹着，就像飘浮在火车站上空的一挂风帆。然而，从城市另一边来观察它，这栋建筑却是十分厚重和硬朗的。

"我们并不想该建筑物有'正面与背面'的区别。我们想设计的是一种能够不断演化的建筑物，它能够根据一年或是一天中不同时间段太阳的变化而相应变化，"费米亚和佩卢福指出。

为了实现这一目标，建筑师们采用了一系列可以反光的材料来处理建筑的立

面。透明与不透明的玻璃幕墙，以及不时交替出现的陶瓷饰面，使得该建筑物能够映射出天空中变幻的光与影。

在室内，在空间的设计尺度上亦有所变化。空间的宽敞抑或局促则取决于功能的不同。与此同时，挑高四层的前厅则是该场地中旧时工业蓄水池的所在，它成为该项目中唯一一个具有历史意义的元素。

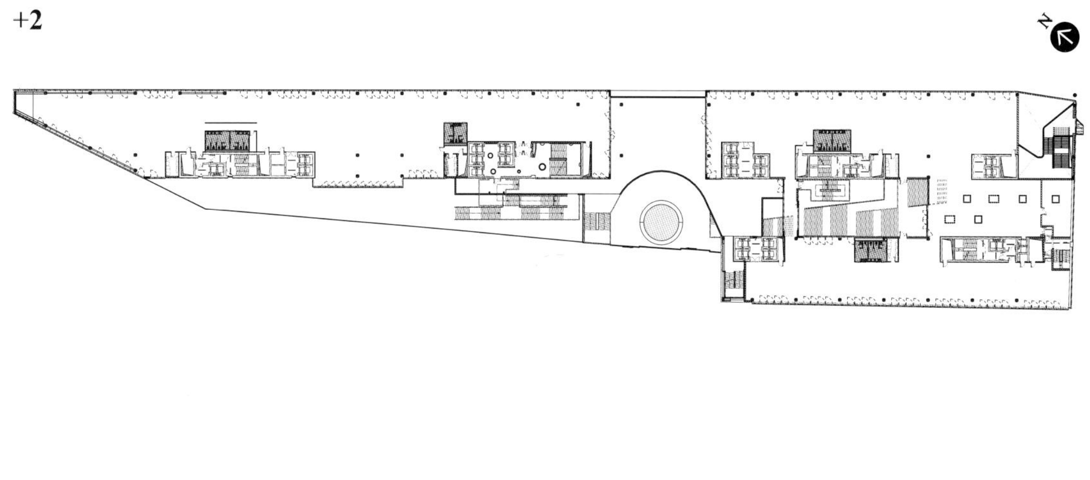

美国西部主题公园：去人性化

在 HBO 的系列电视剧《西部世界》中的
建筑知道它们所应该扮演的角色。

控制大厅令人想起了约翰•劳特纳（John Lautner）的设计。

文 / 奥利弗•泽勒（Oliver Zeller）
图 / HBO

HBO 最新的电视剧使得迈克尔•克莱顿（Michael Crichton）1973 年的电影《西部世界》（*Westworld*）再次受到了关注。两部作品都发生在科幻的主题公园，一个更加神秘的狂野西部。在那里，角色已被设定好的机器人为富有的度假者们服务。那里标榜“没有冲动是禁忌”，直到一切开始背离原有的轨道而变得诡异。

联合制作人乔纳森•诺兰（Jonathan Nolan）（《黑夜骑士》（*The Dark Knight*）、《星际穿越》（*Interstellar*）的制作人）在他监制的电视连续剧《疑犯追踪》（*Person of Interest*）中也有类似关于人工智能感知和监察的暗示。他同莉萨•乔伊（Lisa Joy）（《黑名单》（*Burn Notice*）、《灵指神探 》（*Pushing Daisie*）的制作人）都从现代主义和存在主义的立场出发探讨了这个话题中的意识和人性的问题。

在西部世界边界——摄于位于加利福尼亚州的旋律牧场（Melody Ranch）和犹他州的表面之下，潜藏着这个主题公园激动人心的基础设施网络。由电视剧概念艺术指导内森•克劳利（Nathan Crowley）和制片艺术指导扎克•克罗布勒（Zach Grobler）设计，它是一个隐藏在平顶山之中的不断延伸的地下网络，囊括了一个 100 层高的“地下摩天大楼”。除了个别地点之外，如特定公寓的窗户和位于顶部的游泳休息室，其他的一切几乎是令人迷惑而不具有识别性的。在与娱乐周刊的访谈中，该片的制作人将该休息室描述成为离开公园的人们提供“净化”的区域，“最初的想法是，在人们即将离开该公园的最后一段时间，在重回真实世界之前，用一到两晚的时间待在平顶山的山顶上，来一杯鸡尾酒，

《西部世界》里的抵达厅

在轻柔的 R&B 的背景音乐中，重温逝去的在公园中的种种体验”。

该片中建筑物的巨大体量使我们想起了漫画家二瓶勉（Tsutomo Nihei）和弗朗索瓦·舒伊滕（ François Schuiten）的艺术作品。而看似没有尽头的扶手电梯系统更使人想起了扎哈·哈迪德的多米宁办公大楼（Dominion Office Building）。孤独的主人公们穿过洞穴重重的工业区走向升往西部边界的玻璃电梯，将单轨列车远远地甩在了身后。为了强调该操作的艰难程度，片中甚至出现了仿造巨大的德国挖掘机 Bagger 293 而制成的土地改造机器。

其中，职员和维护区域的设计则是最有亮点的，控制中心的空间极具建筑师约翰·劳特纳时代的风格特点，而牲畜管理处（牲畜是由机器人来饲养的）的设计亦很出彩。在这里，空间在任何意义上的隐私都被粗鲁地剥夺了。除了缺乏自然光线之外，这里将类似地下掩体一般的水泥地基和花格镶板的天花并置，并且精妙恰当地使用玻璃。而机器人近乎裸体的形象，则充分地呈现了一种去人性化的倾向。当这一境况变得越来越清晰，相应空间的设计和视线所及的各种物品开始不断地加强去人性化这一概念。

纪念性建筑的体量，如罗马的 EUR，从很久以前开始就有了去人性化的影子。而在当今社会，玻璃的使用将人们彼此放在相互监视的情形之下，因此这种材料也开始有了类似的去人性化的影响。如今，泰特现代艺术馆由于新加的观景台，与其邻居即 Rogers Stirk Harbour + Partners 所设计的新河岸公寓（Neo Bankside apartments）正在进行的官司和论战正是这一影响的很好佐证。

由于媒体和科技的影响，我们正处于这样一个去人性化、去感知化的社会，《西部世界》则提醒了我们，一个建筑物在这样一种社会所应扮演的角色。

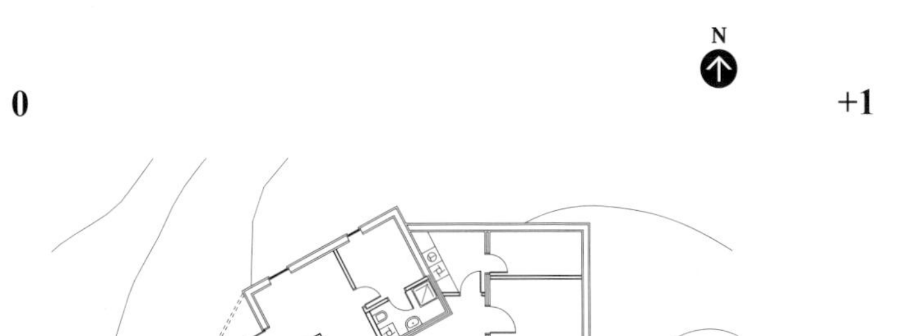
N
0
+1

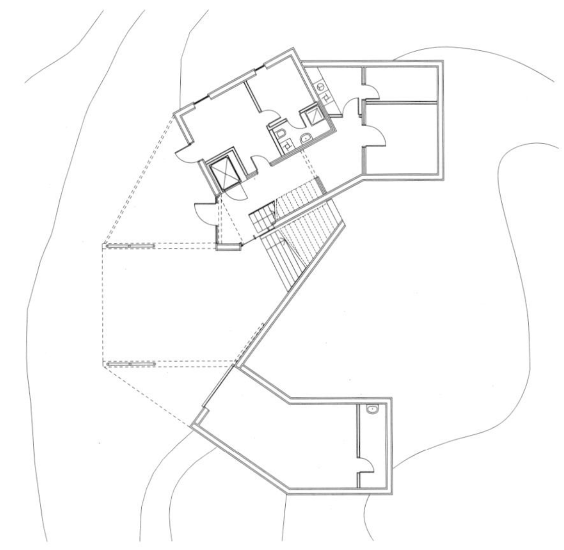

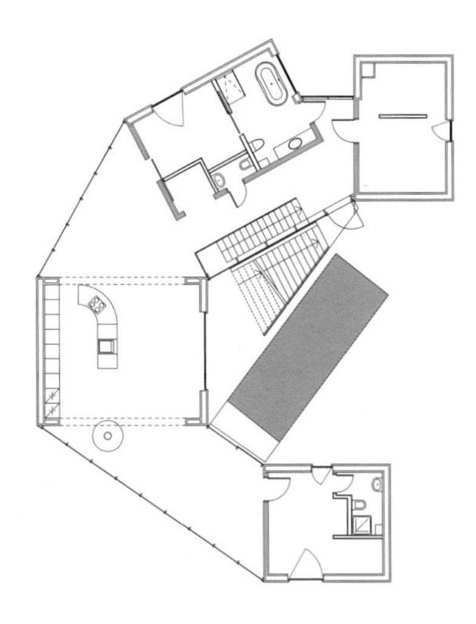

该住宅位于贝鲁姆（Bærum），坐落于奥斯陆市郊的一个时尚社区。

私人住宅：数量大过质量

Space Group 设计的预制住宅
强调了另外一种挑战。

文 / Lauren Teague
图 / Jeroen Musch

“数量大过质量”。是的，你没看错。该客户的这一要求对于来自奥斯陆的 Space Group 设计事务所来说，不只是不寻常而已，它很快成为其为 Hammerbakken 住宅所做的设计的潜在主题。客户的要求很简单：一座低成本预算的私人住宅。而因为户主年轻的残疾女儿不能很轻松地使用局促的空间区域，所以亦要求该设计能够方便户主女儿的使用。

虽然如今在设计私人住宅时，预制混凝土已成为令设计师们兴奋的主流材料，但在这个案例中，该材料粗犷的质感和耐久的质量才是它被选择的真正原因。为了降低成本，建筑师们亦将细节处理最简化。他们将私人房间围合在一个小的、长方形的平板盒子中，然后利用它周围的负空间来创造足够的共同生活的区域。这样的空间布局减少了所需的材料，因此保证了这个项目经费预算的可负担性。

该项目建筑师 Gro Bonesmo 将这个设计形容为“一系列的体验”。场地的倾斜强化了人在室内与室外之间行走的空间体验。“住宅的上层向花园开放，将游泳池纳入眼底，”她说，“我们的方案尽可能地保证客户的女儿能够在家的范围内自如活动。”

spacegroup.no

海德公园城：谜一般的阳台

变幻多端的阳台造型使得 Studio Gang 最新设计的公寓建筑成为一处复杂的奇观。

文 / Evan Jehl
图 / Iwan Baan

对于起源于 19 世纪的芝加哥旧区海德公园区（Hyde Park District）来说，上一栋新建筑物从场地上拔地而起已经是 25 年前的事情了。在这里，Studio Gang 事务所设计的海德公园城（City Hyde Park）与它周围历史悠久的邻居们形成了鲜明的对比，它成为近些年来城市发展方向转变的一个案例。海德公园城使我们想起该事务所于 2009 年为芝加哥所设计的综合体项目——水之塔（Aqua Tower）。水之塔呈波浪状的立面使得它不仅为城市居民提供了居住的地方，亦与该城市清一色古典主义的传统摩天大楼而形成的单调形成了鲜明的对比，为市区增添了一处宁静的风景。

这栋多功能的崭新项目高 14 层，取代了该场地上原有的已荒废的条状购物商城。相对水之塔项目，这栋新建筑给人留下的印象则是造型更加鲜明和复杂。然而，两者最为重要的区别则在于结构概念的不同。对于海德公园城来说，其结构设计更加复杂和巧妙。玻璃和水泥所构成的“之”字形体块是住宅的部分，它坐落于用于零售的两层基座上，停车空间则位于地下层。其中，该项目纵向的一侧是光滑平整的，而另外一侧则被视觉上几近疯狂的出挑所占据，暗示了该建筑叶片状的支撑系统。梯形的平台从一系列的横梁上延展出来，就像“叶”是从“茎”上生长出来的一样。从剖面来看，一大片绿色覆盖了该建筑基座的屋顶部分，成为住户们眼底的风景，彰显了该建筑与自然的紧密联系。

除了为两至三层高的跨层单元提供观景的场所之外，横梁附近造型变幻的阳台亦为其下的楼层遮蔽了阳光。它的第三个功能则需要人们进入该建筑并且花时间待在阳台上才会发现，这便是社会学上的功能，住户们会发现他们能看见同样正在欣赏风景的邻居。因此，Studio Gang 事务所所呈现的多变而富有动感的空间亦保证了住户之间的互动。

studiogang.com

+8

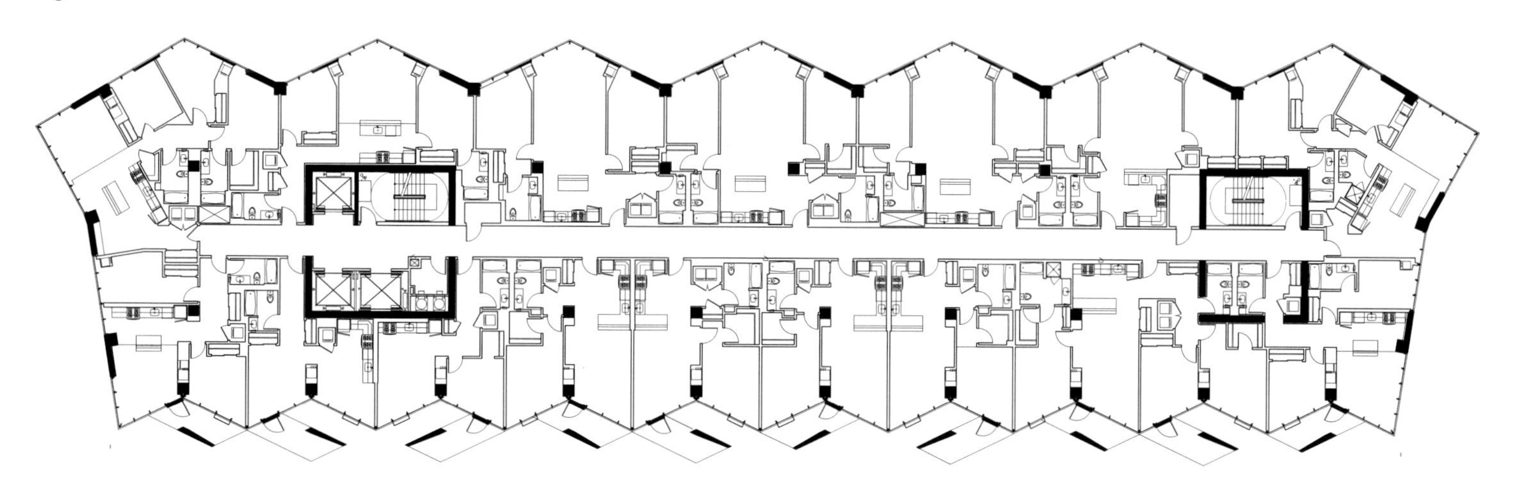

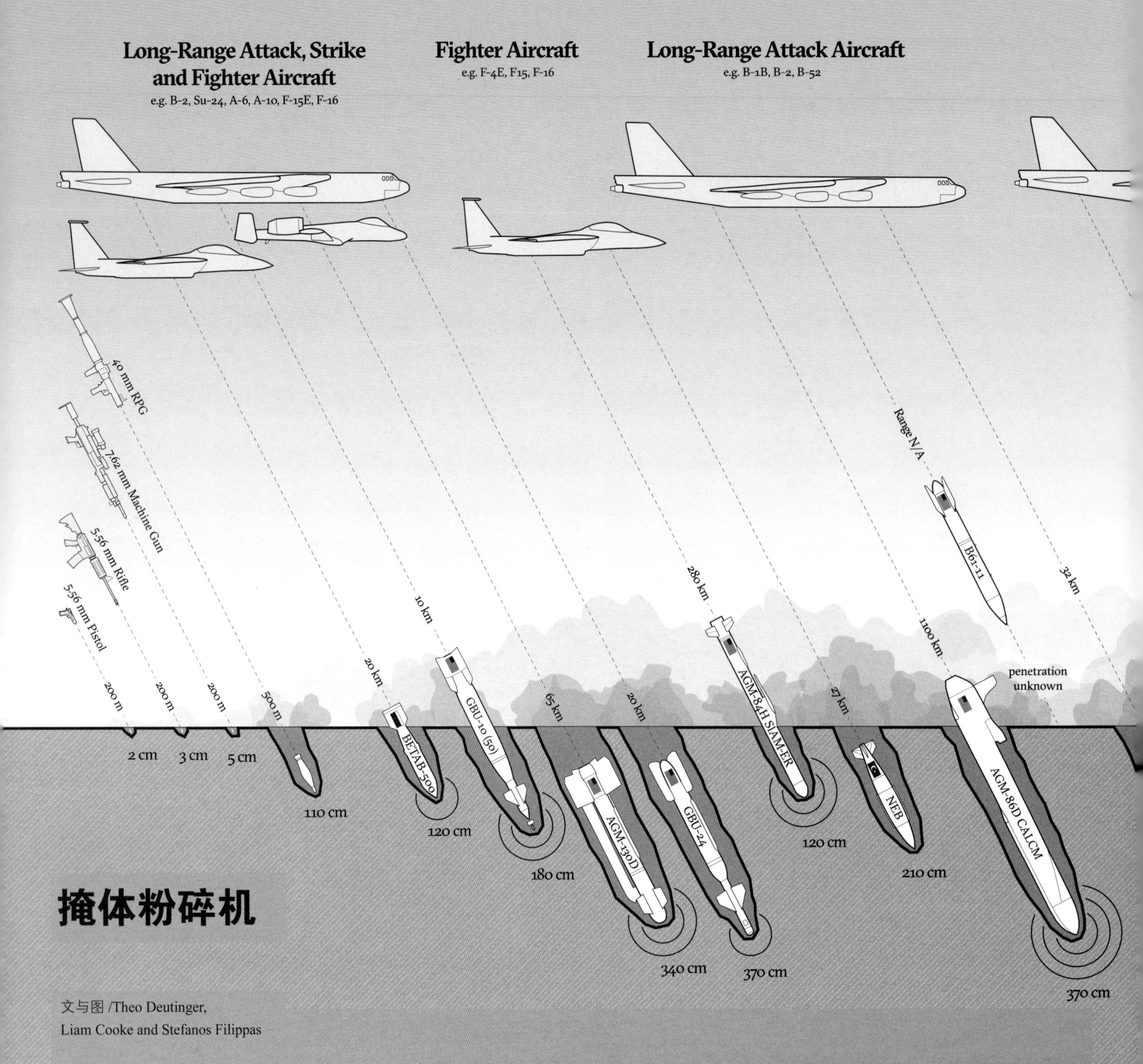

掩体粉碎机

文与图 /Theo Deutinger,
Liam Cooke and Stefanos Filippas

当代军人离真实的战场越来越远，而取代他们手中握着的枪的另一种武器是电脑，用电脑来完成战斗。但是与我们不同的是，这些军人大部分的时间是在诸如掩体等的较为安全的防御工事中度过的。事实上，集中摧毁一栋掩体是军事上的一大壮举，它可以将隐形飞机飞行员、网络战士，以及军事指挥官们一举歼灭，而那些藏得越来越深且越来越坚固的掩体则是由工程师和建筑师们所设计建造的。检验这些掩体设计和安全程度的标准来自于它们最大的威胁——掩体粉碎机。

掩体粉碎机是一种能够延迟爆炸的炸弹，它在计时器和推进器的帮助下能够穿透数层的土壤和水泥结构。更加先进的炸弹甚至能探测声音并推迟爆炸，直到它穿透某栋结构中指定的楼层层数。虽然早在第二次世界大战期间，穿地型武器就已经被英国军队第一次使用了，但是，真正意义上的掩体粉碎机直至 20 世纪 90 年代早期才正式面世。在“沙漠风暴”行动中，急需一种能够穿透深层地表的炸弹参加战斗。在这种情形之下，激光制导炸弹 GBU-28 仅在 28 天时间里就被研发出来。这款炸弹被戏称为“萨达姆号”（Saddamizer），直指它的最初打击目标：萨达姆·侯赛因掩体（Saddam Hussein’s bunker）。

尽管拥有巨大的破坏力，但掩体粉碎机仍被大规模地使用着。

掩体粉碎机所带来的破坏力亦在不断的增强之中。2015 年 11 月，美军对 B61-12 进行了测试。它是一种使用核弹头的掩体粉碎炸弹，能够穿透地层来减少放射性尘埃，因此降低了它实际使用的门槛。该掩体粉碎炸弹模糊了传统武器和大规模杀伤性武器之间的清晰边界，将为核弹头的使用开了大门。

军队从地面撤出而转向空战或者地下作战，硬生生地将平民单独置于两者之间。城市成为如今的战场，而这一事实表明，也许在进行破坏时，军队唯有面对人体盾牌时才会有所犹豫。

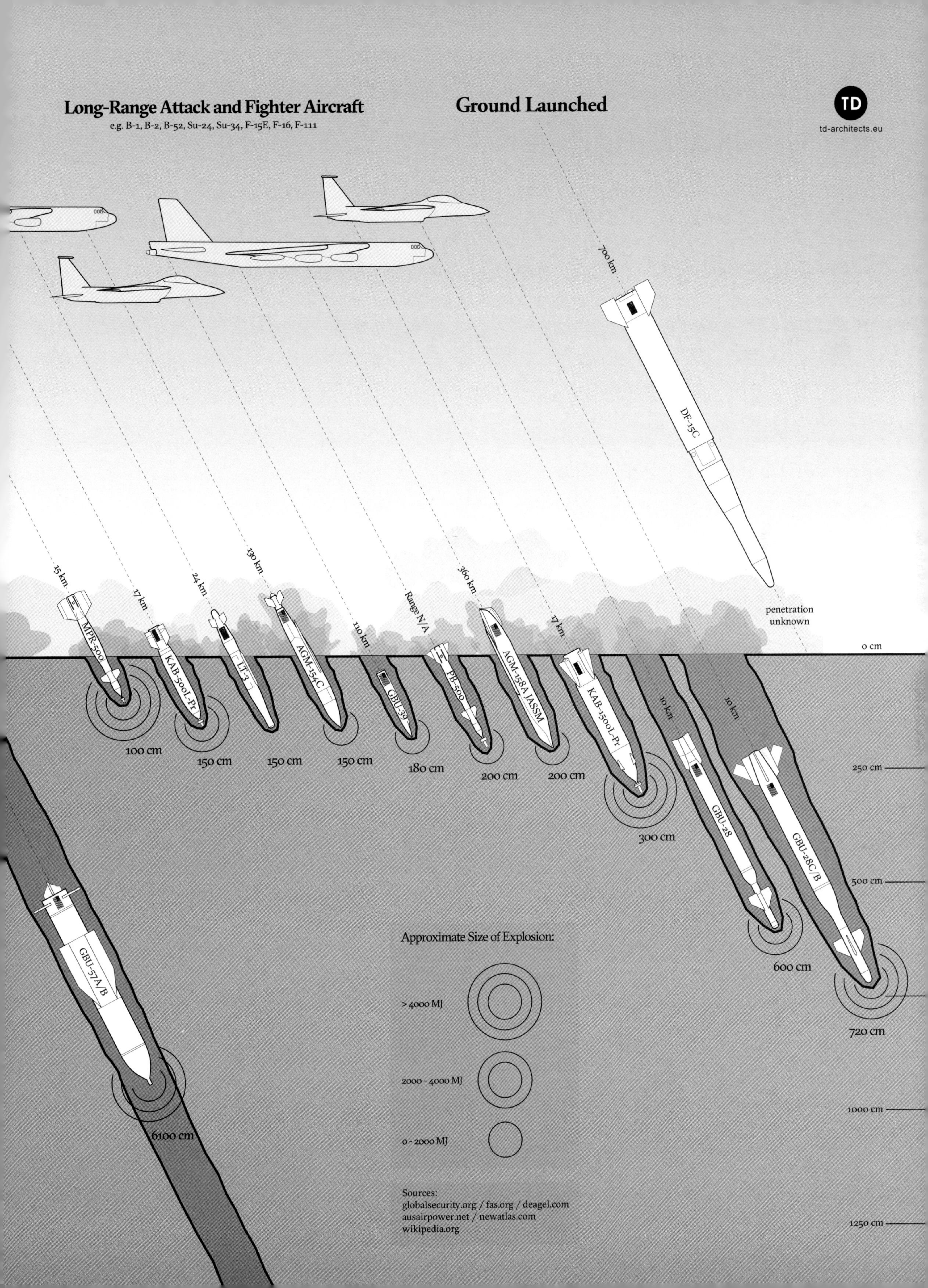

Long-Range Attack and Fighter Aircraft
e.g. B-1, B-2, B-52, Su-24, Su-34, F-15E, F-16, F-111
Ground Launched
TD
td-architects.eu
700 km
DF-15C
penetration unknown
15 km
MPR-500
100 cm
17 km
KAB-500L-Pr
150 cm
24 km
LT-3
150 cm
130 km
AGM-154C
150 cm
110 km
GBU-39
180 cm
Range N/A
PB-500
200 cm
360 km
AGM-158A JASSM
200 cm
17 km
KAB-1500L-Pr
300 cm
10 km
GBU-28
600 cm
10 km
GBU-28C/B
720 cm
GBU-57A/B
6100 cm
0 cm
250 cm
500 cm
1000 cm
1250 cm
Approximate Size of Explosion:
> 4000 MJ
2000 - 4000 MJ
0 - 2000 MJ
Sources:
globalsecurity.org / fas.org / deagel.com
ausairpower.net / newatlas.com
wikipedia.org

maat

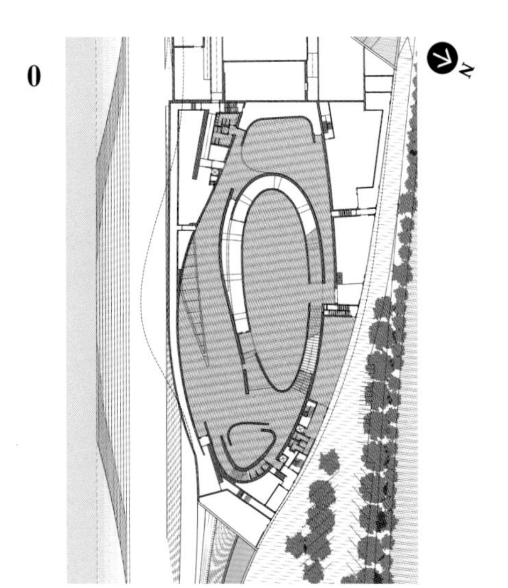
0
N

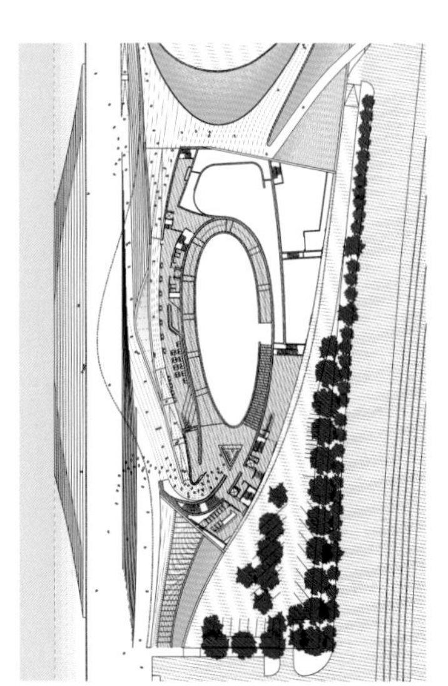
+1

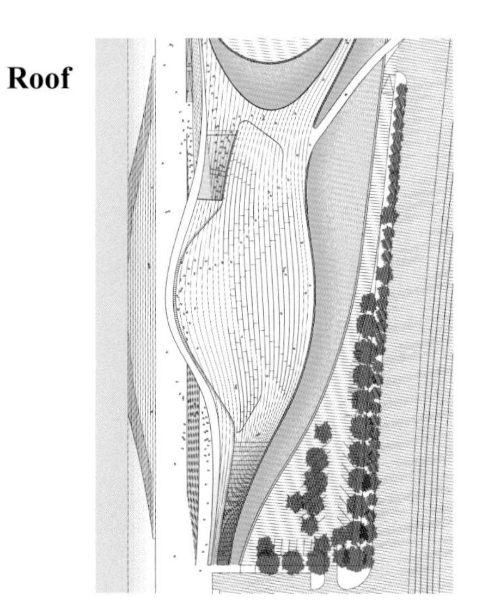
Roof

艺术建筑与科技博物馆：联合艺术

Amanda Levete 设计的博物馆建筑
将水景和城市联系在一起。

文 /Giovanna Dunmall
图 / Iñigo Bujedo Aguirre

贝伦（Belém）位于里斯本的西南部。在这个区域里，有拥有500年历史、装饰华丽的修道院，同样惹人注目的碉楼，为纪念大发现（the Discoveries）而雕刻的当代纪念石雕，以及从1841年以来就因出售美味的蛋挞而使得食客们排长队的古老咖啡馆。由于上述的名胜古迹，贝伦享有盛名。而如今，它又有了一个新的景点，即艺术建筑与科技博物馆（MAAT），与其他的景点一起争相博取来访者和当地人的注意。该建筑园区沿着贝伦的河岸展开，其中包括一个红砖建造的能源站，一个筒仓，还有一栋崭新的、由英国建筑师事务所AL_A设计的低矮而蜿蜒的建筑。

新扩建的建筑模仿了珍珠贝壳的样子，它在一侧打开。其中，四个展览馆位于一个曲线优美的圆拱之下，建筑立面是微微发光的瓷砖，而形状有机的屋顶可以供人行走并成为能够欣赏城市和河流美景的户外空间。

这栋楼很快就显现出它作为城市公共空间的雄心和职能。一系列本地的石材，如Moleanos和Lioz（曾经用于铺设葡萄牙传统的calçadas，或者鹅卵石的路面和广场）被用在该建筑之上和周边。然而，它最重要的功能并非针对建筑而言的，而是对城市而言的。

如同里斯本其他的许多河岸一样，在很长一段时间内，铁路线、道路和港口活动将该场地与城市隔离开来。如今它被重新连接回了城市之中，而在春季，当跨度60 m的人行天桥被安置在展览馆屋顶之上时，它与城市的关系会被进一步强化。这座人行天桥将穿过铁路和道路，直接将该场地与贝伦市中心联系在一起。数年以来，艺术建筑和科技博物馆第一次将城市和水联系在一起。

ala.uk.com

来访者可以行走于该建筑之上，或者穿行其中。

剖面

建筑的外表皮采用 X-Tend，一种由 Carl Stahl 建筑公司生产的不锈钢铁网。

瓦伯恩的攀爬花园

Buchner Bründler 重新定义了城市的高层建筑，创造了更加自然的环境。

+16

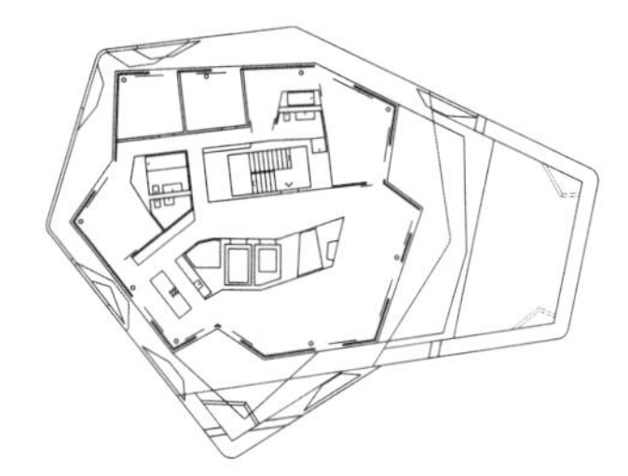

+15

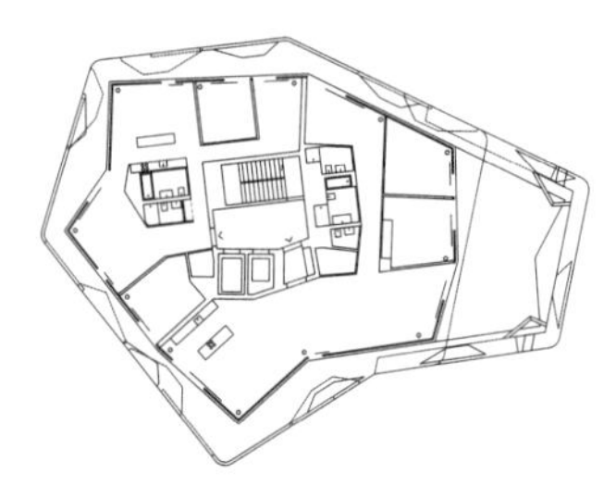

+1

0

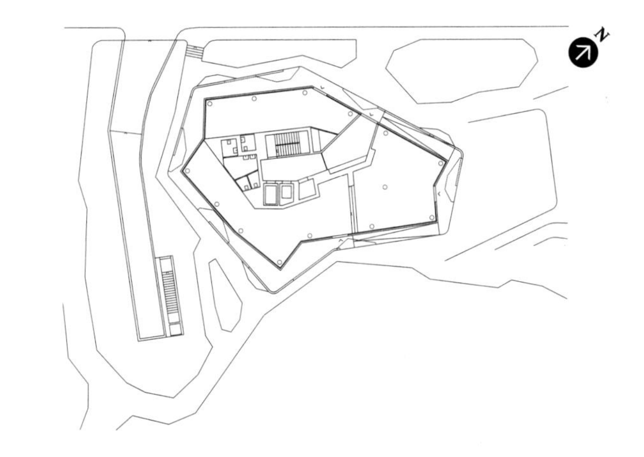

文 / Lauren Teague
图 / Daniela & Tonatiuh

由 Buchner Bründle 设计的 16 层高的花园塔（Garden Tower）位于瑞士小镇瓦伯恩（Wabern）。该建筑拥有 45 套公寓，引人注目的阳台覆盖一层不锈钢绳构成的铁网，铁网与建筑起伏的造型契合。与阳台融为一体的花池为攀缘植物提供了生长的空间，与此同时，这些网面将会为植物们提供攀爬架。

你设计的灵感来自哪里？

ANDREAS BRÜNDLER：我们的设计开始于一个多边形的造型，然后我们允许它自由发展。该花园塔位于城市的边缘，而设计任务书中则提到了“与风景同住”的概念。所以在设计时，我们便有了表现建筑和自然环境之间关系的想法。该设计的理念是为了回应场地周围大量存在的自然元素，以及伯恩的阿尔卑斯山脉地区无边的美景。

可以谈谈建筑的外圈部分吗？

阳台构成的外圈是由三个部分组成的：容器，或花池，它能够为植物的生长提供基础；而向上翻转的楼板和扶手则将两者连接在一起；借助于这些扶手，建筑师则能在铁网上开窗。这三个元素综合在一起，代表了山区的地形。

这三个部分的分布是否真的像它们看起来那么随机呢？

表面的随机之下其实是有逻辑存在的。每套公寓都有两处开窗。在浇注水泥楼板之前，这些扶手及常规数量的预制花池就已经就位了，它们恰恰对应了公寓的开窗。我们将钢铁制成的扶手设计成了与混凝土相同的颜色，使得不同元素之间能够融合在一起，形成和谐统一的整体画面。

很显然，你们的设计在考虑攀缘植物时想让它们攀附在铁网之上。对此你能解释得详细一些吗？

我们对植物的考虑其实是相当复杂的。我们考虑了太阳的朝向，例如，对植物进行选择，是基于它们在不同季节的变化。为了使该设计在一年中的各个季节都能保持一种平衡和谐的形象，我们最终采用了常青植物和落叶植物相混合的组合方式，并保证它们分布在建筑各个方向的立面上。

bbarc.ch

淡绿色的外壳统一了建筑的表皮，将玻璃开窗、一个平台和两个阳台隐藏在立面之下。

生物可持续科学创新研究所：灰色上的绿色

Cláudio Vilarinho 为他在吉马良斯（Guimarães）设计的研究中心围上了一层孔状的外壳。

由于该项目预算低，建筑师决定保持室内空间原始裸露的状态。

文 / Ana Martins
图 /João Morgado

在位于葡萄牙吉马良斯（Guimarães）的大学校园中出现了一栋淡绿色的、海绵状的建筑物。这栋四层楼高的崭新建筑将被用作生物可持续科学创新研究所（Institute of Science and Innovation for Bio-Sustainability, IB-S）。该项目的建筑师，来自波尔多的 Cláudio Vilarinho，希望能够为该校园设计一栋形象独特的建筑，使其区别于该校区内因整体采用混凝土而形成的灰色氛围。因此，在该栋建筑中，他使用了与其周边建筑相异的建筑语言，将更多的关注点放在这个校区周边的田园风光上。这栋建筑别出心裁又十分简朴，它的外墙采用了绿色的孔状外壳，该表皮不仅将 IB-S 与自然联系在一起，更通过开窗和框景的手法，将一片片周边的建筑和树木纳入眼底，随即将自然风光带入建筑室内。

研究所将会为来自不同领域的科学家和学生所使用，主要研究方向有三个（海洋、海岸和港口；城市改造与复兴；自然资源和工业生产的生态圈），将致力于前沿科技的研发，以及自然和人工环境的可持续发展。所以，唯有在设计中同样采用自然的理念，才能够使该建筑忠于这些原则。该建筑的设计师直言他对于当今肤浅的所谓可持续发展的流行趋势已感到厌倦，而他希望 IB-S 所呈现的故事能够真正体现可持续发展的精髓。该建筑立面上不规则开孔的灵感来自于新的可持续技术（用于太阳能板研发的钛纳米管），不仅如此，它在外壳材料的设计上也从可持续性中找到了线索。区别于通常钢筋混凝土的建筑材料，在浇筑外立面预制混凝土时，设计师加入了微细纤维（microfibre）来增强材料的延展性和耐久性。

该建筑在该大学 2010 年举行的设计公开招标中胜出。但是它引人注目的外表皮并非 Vilarinho 的设计方案被选中的唯一原因。在该建筑各个规则的矩形楼层平面中，建筑师根据该机构的需求清晰地布局分层不同功能。它简单直接的功能解决方案也是该方案从众多竞争者中脱颖而出的另一个原因。

claudiovilarinho.com

音乐场所

一栋建筑的建成所需的不仅仅是一些耐心而已，对于花费大量公共财政的大型文化建筑来说更是如此，例如大剧院或者音乐厅。

在本章节中，我们将用 3 个案例来讨论这一现象。根据历时自少至多的顺序，它们分别是加拿大国家音乐中心（National Music Centre of Canada）、台中大都会剧院和位于汉堡的易北爱乐厅（Elbphiharmonie in Hamburg）。Allied Work 于 2009 年赢得了位于卡尔加里（Calgary）的该栋建筑的比赛，同样，伊东丰雄在 2005 年台中大都会剧院的设计竞赛中胜出，而赫尔佐格和德 • 梅隆事务所则是在客户的直接委托之下设计了易北爱乐厅，他们的第一个设计概念的完成则可以追溯到 2003 年。这几个设计方案的实现和落成分别耗费了 7 年、11 年和 13 年的时间，建筑预算达到了 1.34 亿、1.3 亿和 7.89 亿欧元。

为什么这些项目会耗费如此久的时间和如此大的财力？在易北爱乐厅开幕的前一晚，雅克 • 赫尔佐格提及他们作为建筑师对此负有一部分责任："城市的管理者并不是直接的委托人，" 他说。由于缺乏足够的背景知识，他们必须将一系列不同的责任委托给众多不同的项目经理。"在客户和建筑师之间如果存在越多的环节，那么相应所带来的问题就越多。"

然而，这一理由当然不能够为相应的建筑师们完全免责。对于这些建筑所产生的问题来说，同样至关重要的是它们复杂的设计以及随之而来的技术上的困难：在汉堡，它们是建筑的地基和拱形的屋顶；在台中，则是混凝土结构的众多复杂曲线。台中大都会剧院的项目管理建筑师武雄东(Takeo Higashi)将这栋位于台湾的建筑的竣工称为"奇迹"。而加拿大国家音乐中心的建设则有着不同的困难：在这里，不断增加的预算以及其与不同私人和公共基金之间复杂的关系引起了项目的停工。

从历史的角度来看，这样的情形有时并非总是坏事：约恩 • 伍重（Jørn Utzon）于 1957 年的设计赢得了悉尼歌剧院的设计竞赛，而该建筑于 1973 年才竣工。如今，该歌剧院已然成了悉尼作为澳大利亚港口城市的形象不可分割的组成部分。同样的历史可能也会在卡尔加里、台中和汉堡重演。也许，在许多年后，这些由于它们的建设而随之产生的政治和经济问题都会成为不值一提的往事。

台中大都会剧院：有缺陷的杰作

伊东丰雄设计的台中大都会剧院，是一栋有着粗糙的地方，却惹人注目的建筑。

文 / 迈克尔 • 韦伯（Michael Webb）
图 / 塞吉尔 • 皮罗内（Sergio Pirrone）

一系列复杂的曲线组成了入口大堂。

日本人常常声称对自然怀有很深的敬畏。从院落景观中的青苔和卵石，到被奉为圣地的富士山。但令人颇为好奇的是，这种对自然的尊重却很少体现在推崇现代主义的建筑师们最好的作品中；在这些建筑中，他们尽可能地将设计抽象化和极简化。与此同时，建筑工业的发展也在很大程度上破坏着这个国家的自然美景。在这样的背景下，一些特立独行的从业者们试图将设计拉回原先对自然的尊重上。其中伊东丰雄，作为一个反叛者的形象，在这一特别的道路上进行了将近50年的探索，他坚持不懈的实验使得其从众多设计师中脱颖而出。起初，伊东丰雄从植物中寻找灵感而设计出有机的建筑造型。他利用一系列像叶片一般轻盈的铝表皮创造了“游牧建筑”（nomadic architecture）。在仙台媒体中心的设计中，他的灵感则来自水族馆中一丛丛轻轻摆动的海草，这些海草启发了建筑中钢柱结构的设计；该结构十分坚固，帮助这栋建筑物抵抗了一场极具摧毁性的地震。Tod位于东京的表参道大厦（Tod's Omotesando Building），纵横交错的立面则好似在与城市空间中的行道树进行对话，而波浪状的屋顶更是映射出了周围多山的景观。

台中大都会剧院有互相连接的曲线体块，将艺术与自然相结合。伊东丰雄的灵感来源于阿氏偕老同穴（Venus flower basket），一种盛产于日本水域之外的海绵状生物，以及身体内外边界模糊的水母。这一设计为他赢得了2005年的设计竞标。首先，伊东丰雄将该海绵状生物的多孔结构转译为五层高的建筑物，其中包含了可容纳2000人的歌剧院、可容纳800人的剧场、一个黑盒，以及一系列公共空间；另外，还有一处从另一侧延展出来的剧场。从这个设计中，我们可以很清晰地看到仙台媒体中心的影子，它从当初的原型演化为如今设计中的连绵而弯曲的表面。室内空间的造型则由蜿蜒的线条和挖空的立面构成，在屋顶花园的部分，机房被放置在建筑突起的部分，水道和植物环绕着这一建筑。该建筑性感而极具张力的造型使得它与周围大量的公寓和办公楼形成鲜明的对比。但遗憾的是，这些厚重的建筑物对于台湾的众多城市来说却是相当典型。至少在台北、台中和高雄，近期的商业建筑仍然深陷在后现代主义的泥潭之中。Ken Yao，一名忠于原创的台北建筑师，将这种现象视为地方主义和瞬间经济繁荣结合的产物。而对于中国大陆的大城市来说，办公建筑的要求标准似乎要更高一些；但是，也唯有“奢华”的住宅建筑才会去追求建筑立面和屋顶的装饰效果。

伊东丰雄的草稿和模型记录了他的想法的演变过程，从片段的、不连续的平面到可以支撑自重的三维结构。如同他在设计比赛时所提及的，他最终的目标是“通过动态的应力流，将建筑从它盛行的静止形式中解放出来”，“将现代主义者们所宣扬的‘少即是多’的最简空间转化为与自然相对应的、最初的‘真实空间’”。他在近期与克罗地亚杂志Oris所做的访谈中再次印证了这些想法：“随着我们的社会变得越来越数字化，我们就越需要把更多的注意力放在真正的物理世界中……我们正在面对一种前所未有的局面，而在这种情形之下，建筑需要与已经被不断拓展的人类知觉互动。”

为了使设计理念和工程技术更好地融合，建筑师们编辑整合了一系列的建造指导准则，即用以实施这些复杂结构的建造的简单原则，他们坚持要求承建商签订具有法律效力的协定，并且根据该建造指导逐字执行。该设计中采用了悬索曲面，一种被发现于近三个世纪以前的数学形式。悬索链是一种曲线，当绳索的两端被固定而中间段由于重力作用而自由下垂时，就会构成这种曲线；而悬索曲面则是通过令悬索链绕其水平轴旋转而产生的最简单的曲面。这栋建筑中的58个悬索曲面中的每一个都是由预制混凝土构成的，从而形成了桁架墙，指导准则中更明确规定了曲面的厚度为400 mm。虽然，在台湾，承建商们可

一部紧凑的圆形楼梯盘旋而上，将参观者的视线带往上方光线充盈的空间。

台中大都会剧院被众多的办公楼以及公寓住宅环绕。

在剧场的大堂中添加了壁画。

餐馆位于四层，其室内装修风格粗糙。

“这个获胜方案的灵感来源于海绵状生物和水母”

能缺少他们在欧洲和日本的同行所具有的技术和工艺，但是，他们的“积极性、敢于冒险的精神和充足的精力”恰恰弥补了工艺上的缺陷，主要负责的建筑师师武雄东在到访场地之后于电子邮件中写道。“验收之后我们发现了数以千计的问题，”他继续写道，“但是，台中大都会剧院的竣工确确实实是一个奇迹。”伊东丰雄也同意这样的说法。“建筑事实上是一种机会的产物——许许多多的因素被放在一起考虑，决定了一个项目的命运，”他说，“坦白地说，我认为这个项目得以完成，是由于某种奇迹。”

到如今，这栋建筑上还有很多粗糙的地方，这些缺陷的数量太多以至于影响到了功能的使用。空间的使用者们背离了伊东丰雄设计中的质感，在四楼的餐厅加上了粗糙的室内装潢，在剧场的大堂加入了稍显庸俗的壁画。而更加严厉的批评则是针对空间布局来说的，用于大堂和流线空间的曲线空间和大剧院的矩形空间之间存在严重的冲突。尽管流畅的曲线被用于楼座和背光式拱形天花板上，这个剧院的平面排布上仍然采用了几近固执的传统手法。尽管有如此多的缺点，伊东丰雄的建筑在许多地方都达到了一种庄严的诗意，很突出的一个例子，即紧凑的圆形楼梯盘旋而上，将来访者的视线引导至上方光线充盈的空间中去。室内大堂封闭幽暗的空间与向外望出的景色形成了鲜明的对比。“这是一个神秘的空间，”伊东丰雄评论道，“你感觉就像在一个古老的洞穴里向外望见一系列现代的城市景观：一种怪异、疯狂的对比。”

我们在这里很高兴能将这个有缺陷的杰作与伊东丰雄在台北为私立大学所设计的图书馆进行对比。在该图书馆中，他运用了纤细的柱子，柱子的柱头向外展开（让人想起弗兰克·赖特的约翰逊蜡像大厦），它成为该建筑师之前在日本所设计的图书馆的变体。该建筑的结构不像台中大都会剧院那么复杂，项目的执行也是完美的。在台中，伊东丰雄的设计则更加大胆，将新奇的建造系统推到了极致，并且也达到了大部分建筑师想要达到的效果。但是，至少在之后的相当长的一段时间里，这个风格多变的普利兹克奖获得者在他的职业生涯都不会再进行如此大胆的冒险了。他在与 Oris 的访谈中直言道：“我对这样的项目已经不再感兴趣了。我将要用一种更加简单的方式来工作……加入日本南部小岛居民的行列，去修护一些被废弃的屋舍。”

toyo-ito.co.jp

尽管这个音乐厅的楼座和背光式拱形天花板有着流畅的线条，但是它的设计布局仍然是传统的。

在四楼画廊上，弯曲的弧度不只是延伸到墙面和天花板，连地板也有弧度。

在屋顶花园，弯曲的突出体中隐藏着运作的机器。

横剖面
剧场

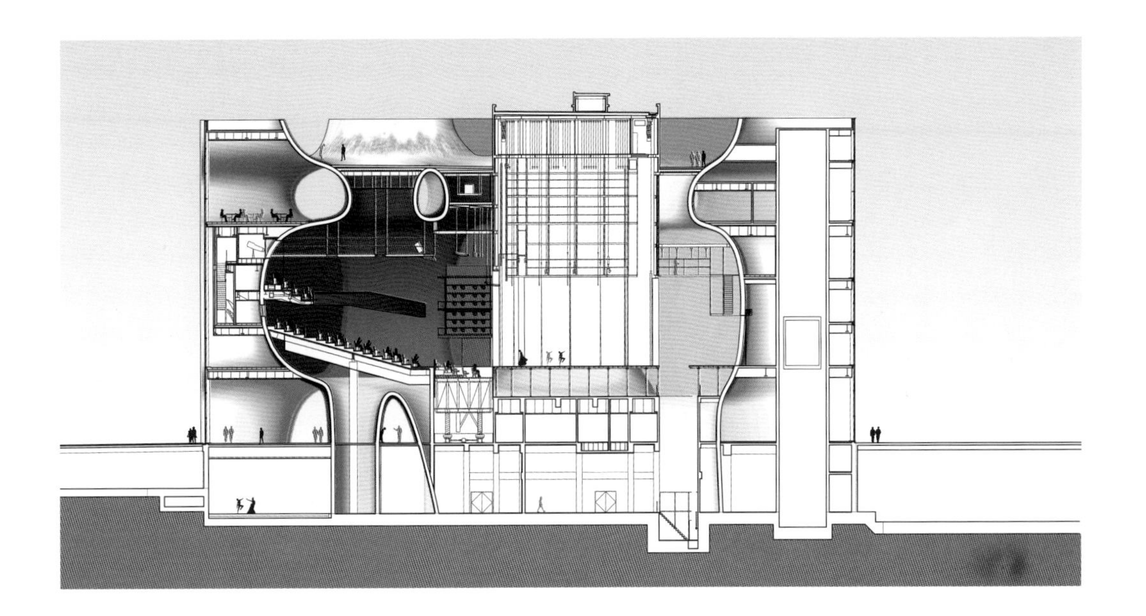

横剖面
大剧院

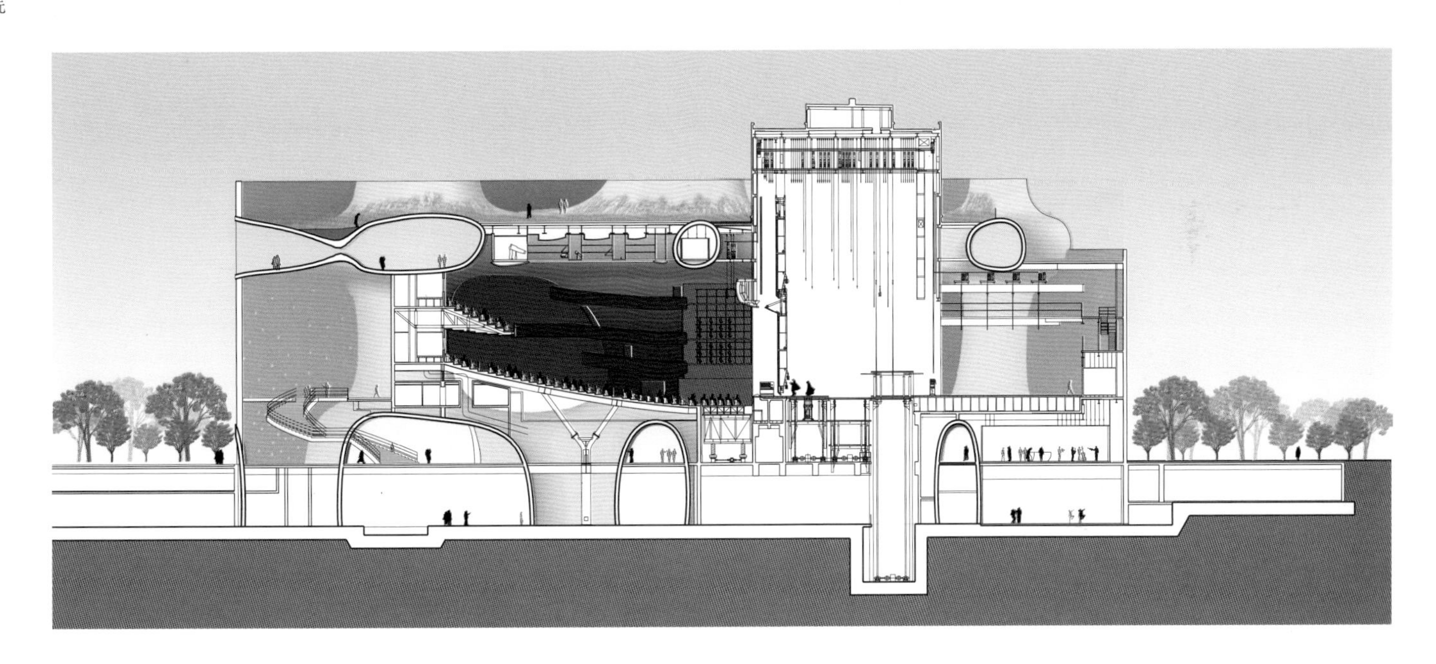

纵剖面

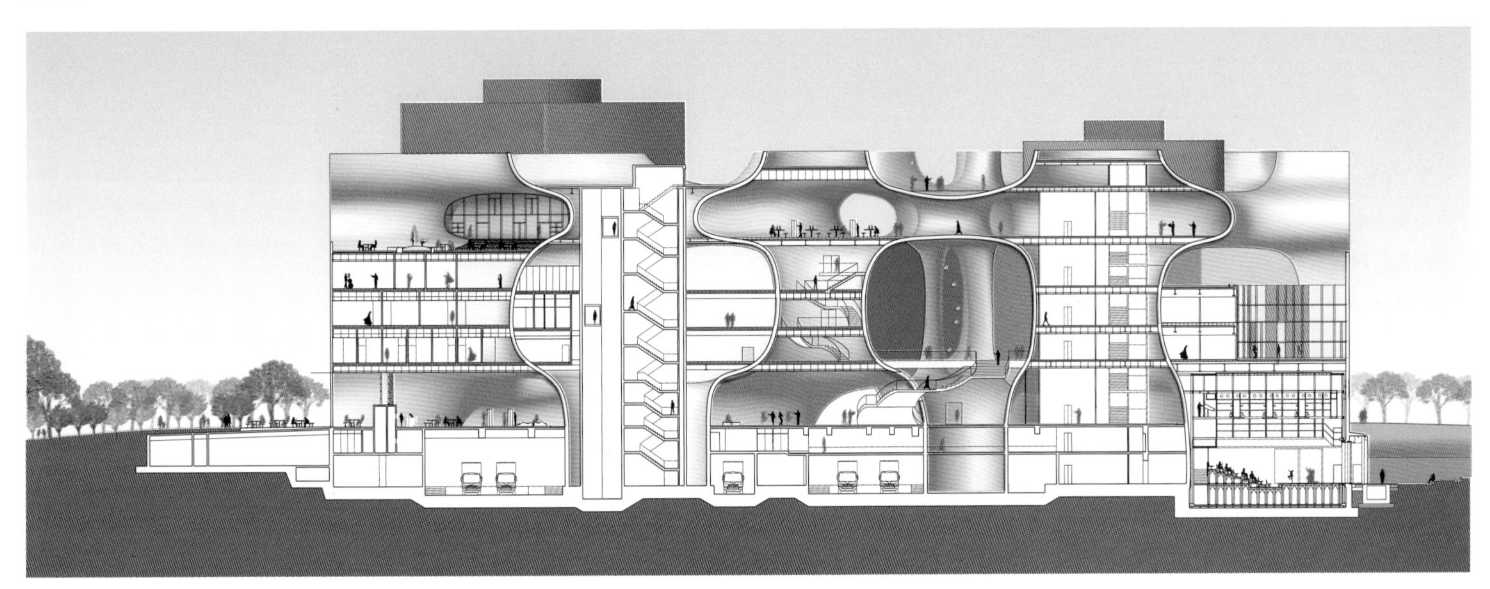

0

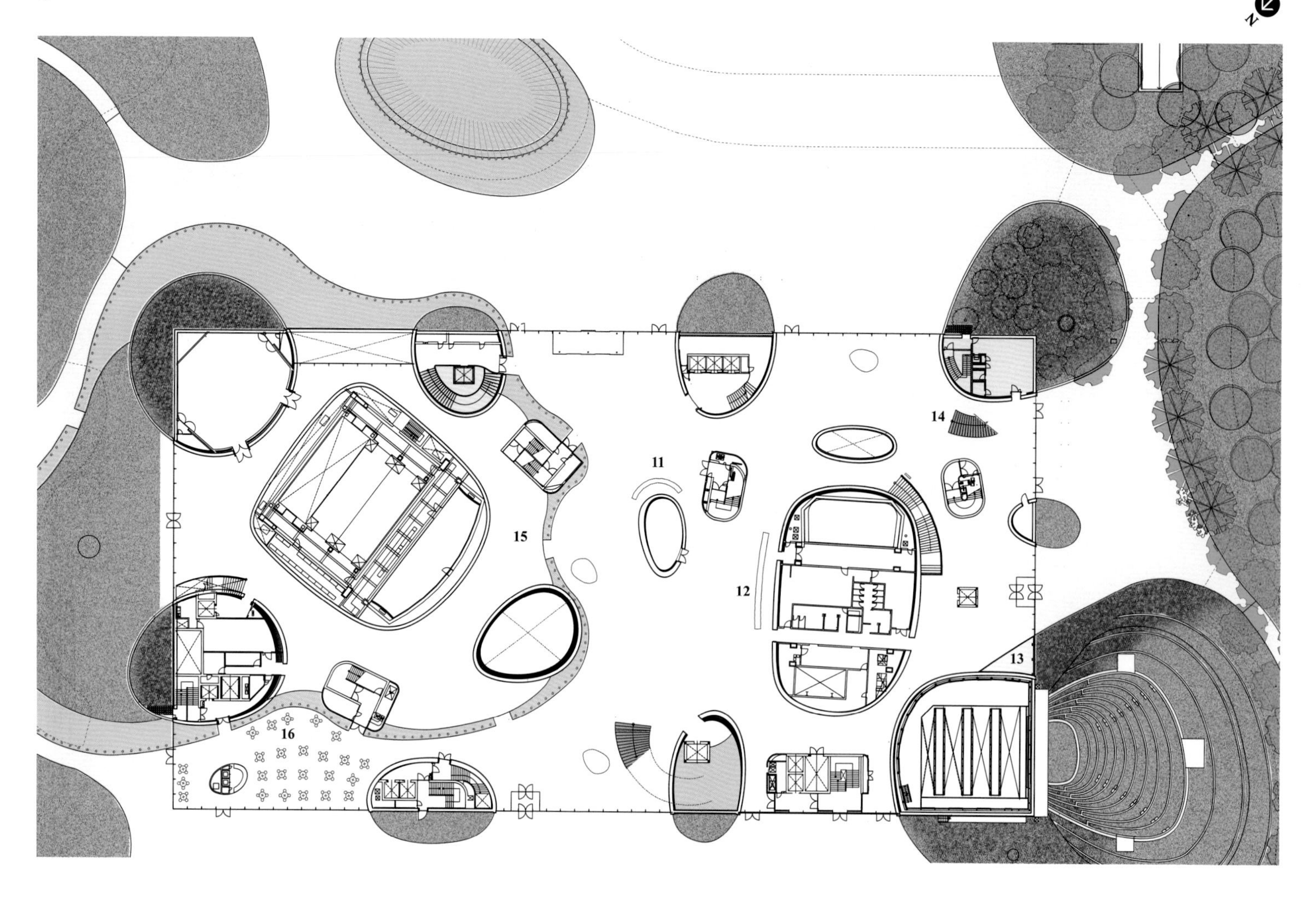

-2

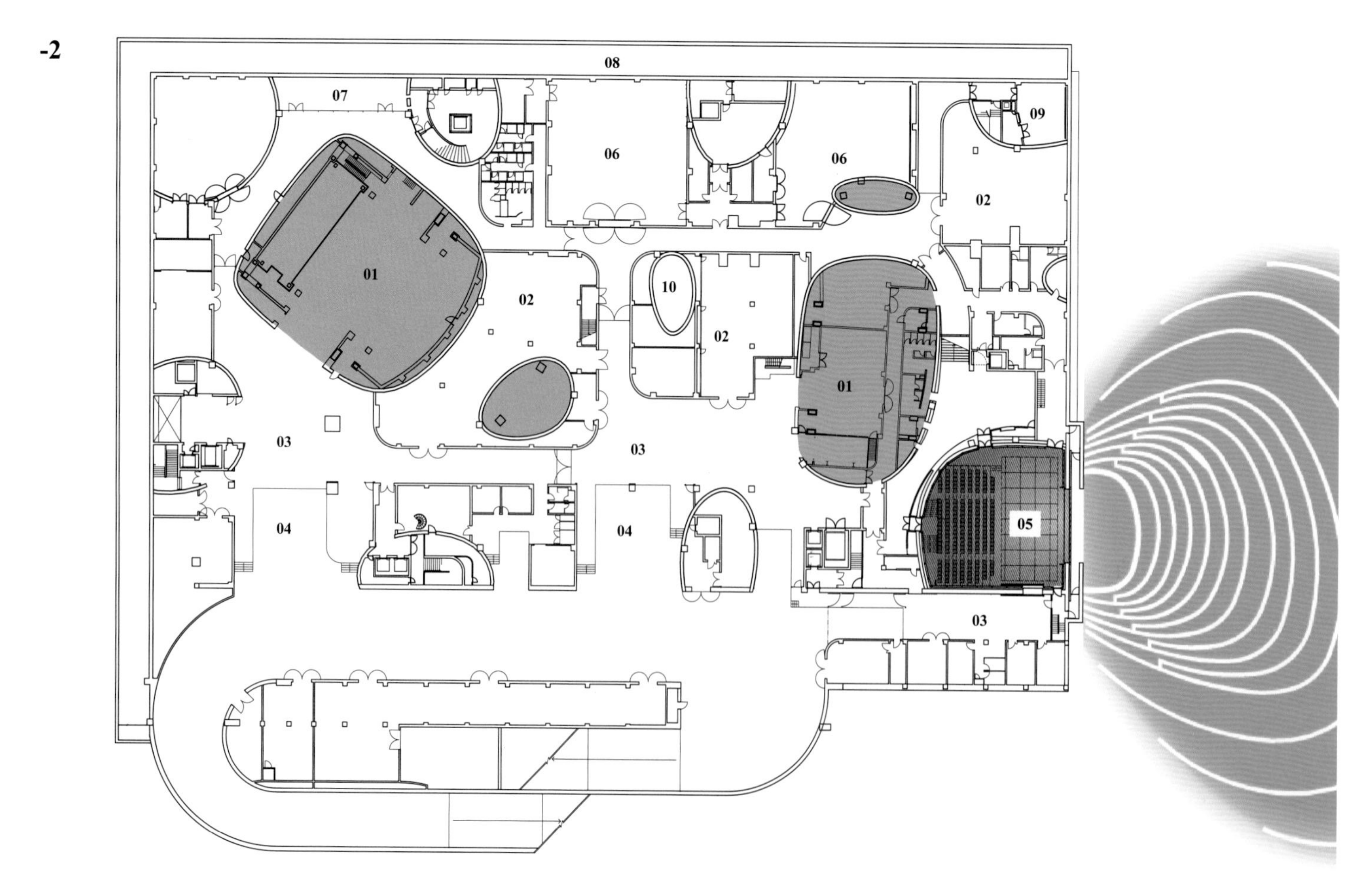

+4

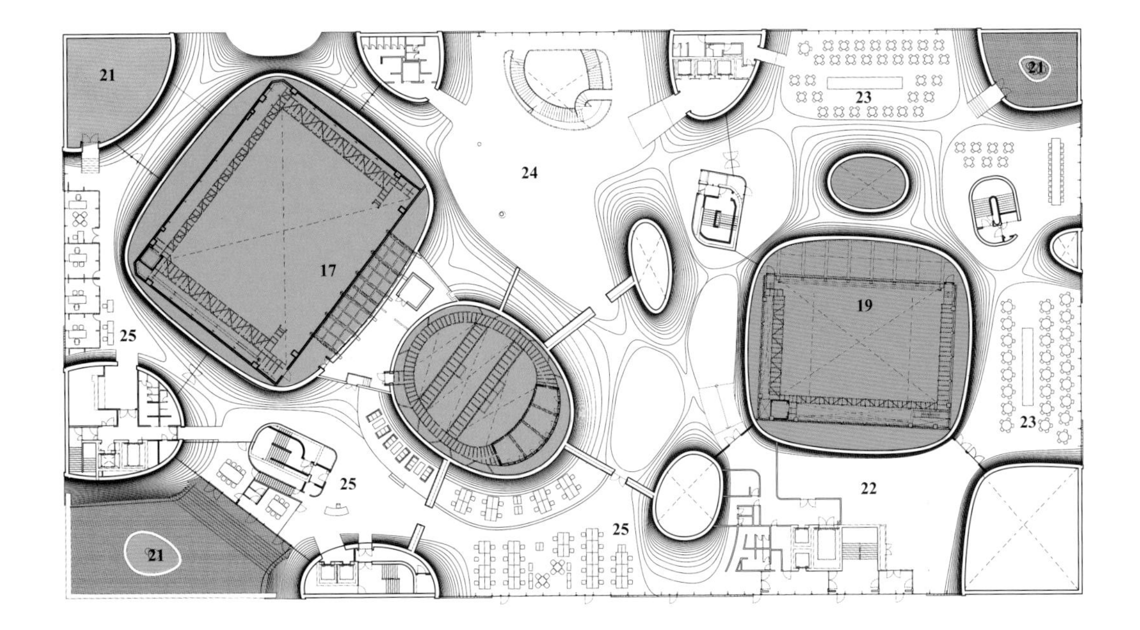

+3

01 技术设备用房
02 机房
03 组装间
04 装卸区
05 黑盒
06 排练室
07 下沉花园
08 冷却坑
09 工作室
10 水池
11 咨询处
12 售票处
13 花店
14 画廊
15 商店
16 咖啡店
16 休息室
17 大剧院
18 大剧院化妆室
19 剧场
20 剧场化妆室
21 阳台
22 厨房
23 餐厅
24 书店
25 办公室

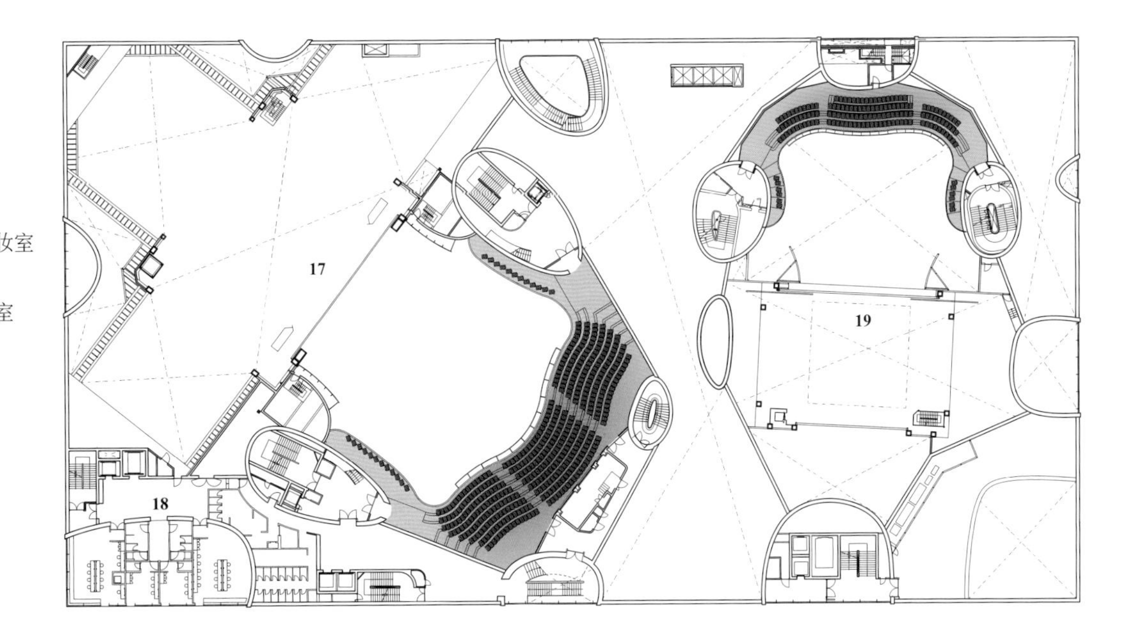

+1

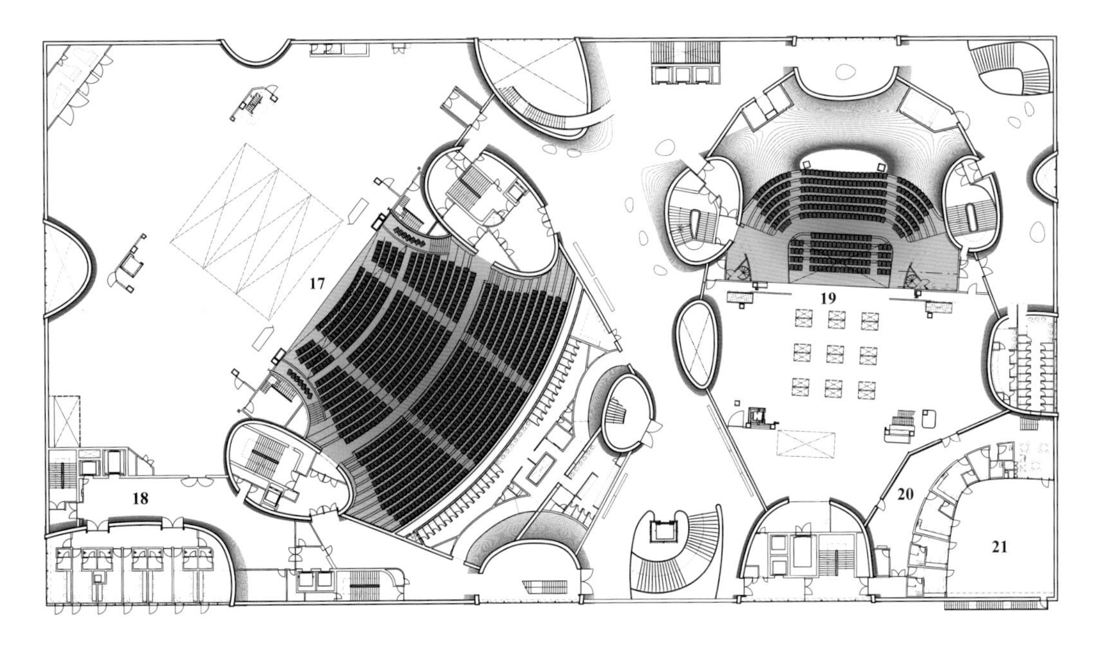

在正东面，一个黑色雨篷遮挡下的低矮缝隙使得音乐厅、公寓、酒店和车库的入口不易被人察觉。

汉堡易北爱乐厅：大而不倒

尽管困难重重，雅克·赫尔佐格和皮埃尔·德·梅隆设计的易北爱乐厅最后终于开幕了。

文 / 大卫·昆宁（David Keuning）
图 / 伊万·巴恩（Iwan Baan）

“我认为人们更着迷于它，是因为它看起来更像帐篷而不是波浪”

旧仓库正面有一个长方形的大窗户，透过窗户可以看到易北爱乐厅的参观者乘坐电梯到达上一层。

电动扶梯是有弧度的，因此只有在到达之前才能够看到终点。

回想起来，易北爱乐厅（位于汉堡市一座在原有仓库基础之上新建造的酒店和公寓的音乐厅）在向公众开放前夜发生了最值得纪念的事情。位于同一城市的德国《明镜》周刊为纪念易北爱乐厅的建成采访了建筑设计师赫尔佐格和德 • 梅隆。“这座建筑并没有在最佳的时机开放，”编辑苏珊妮 • 贝尔（Susanne Beyer）说，“未来还有很多担忧。从很大程度上来看，难道这座音乐厅不是昔日辉煌的象征吗？”德 • 梅隆说：“在伦敦泰特美术馆的开幕式上，我们被问到了相似的问题。这座建筑物是在六月竣工的。一个星期之后，英国进行了脱欧公投。现在正处于美国大选前一周，我希望我们不会受到相似因素的影响。然而，显而易见的是，建筑与诞生它的社区密切相关。”一周之后，德 • 梅隆的担忧变成了现实：至截稿时，美国大选的共和党胜出者即将就任美国总统一职。

或许乍一看，易北爱乐厅和新兴的对经济和文化精英的仇视有着更为密切的联系。正如一些批评者将泰特视为引起伦敦南岸区中产阶级化的原因，易北爱乐厅也让人们看到了精英化。这一建筑物引起极大争议。汉堡并不需要一个新的音乐厅；它已经拥有一座美观、实用且可以容纳与易北爱乐厅差不多数量观众的音乐厅——建于 1908 年，如同一块新巴洛克式糖蛋糕的莱斯音乐厅。反对者们也指出，这座建筑具有的所谓精英特质是出自开发商的提议，而花费在其中的上亿元税费本可以用于社会公益。

广为人知的是，这项工程耗时 13 年，建筑造价早已远远超过了最早的预算。几乎所有的媒体都提到，它的预算是 7.7 亿欧元，结算达 7.89 亿欧元。然而，建筑设计师们并不同意这一预算。“我不知道那个预算是从何而来，”德 • 梅隆声称，“但是它绝不可能出自我们。”显然，这是在建筑设计公司接手这项工程计划之前做出的预估。一个更为公允的出发点应该在 2007 年，人们基于设计方案做出了预算：27.2 亿欧元。无论预算是多少，德 • 梅隆承认最终耗资超出了预算 5 亿欧元以上，这是非常糟糕的。

从 2001 年规划这一项目开始，问题就接踵而至。起初，开发商亚历山大 • 杰拉德想要在由建筑师沃纳 • 卡尔摩根设计的战后仓库 Kaispeicher A 的顶上建造一座写字楼。但是这一计划因受互联网泡沫的影响而搁置了。后来，作为一个音乐发烧友，他萌发了在仓库上建造一座音乐厅的想法。为了能让这座建筑物更具实用性，杰拉德又在草案之上增加了一所酒店和一栋公寓。为了这一设计，他找到了赫尔佐格和德 • 梅隆。然而他的决定遭到其他建筑设计师的质疑，他们认为要建造如此大规模的建筑，应该通过竞标来决定设计者。最终，欧洲法院判定该项目所遵循的程序是正确的。

从那时开始，设计图（在砖造仓库上方建造一座玻璃建筑，以波浪作为屋顶）就已经拟好。在参观音乐厅时，赫尔佐格说，这个设计图也是法院裁决的一部分，因为委任与设计图是密不可分的。如今，开发商终于有机会实现梦想——曾经的汉堡港口现在可以容纳大规模的住宅和办公空间，以及一座颇具吸引力的全新视觉地标。从那时起，市议会也为此兴奋。在开发商遇到困难后，市议会决定承担起这个项目。为了能够支撑易北爱乐厅的重量，Kaispeicher A 的内部结构被拆除了，仅保留了外墙。

屋顶覆盖着白色的金属圆片。仅有的两个凹槽，一个是连接到易北爱乐厅的屋顶平台；另一个是为酒店的房间提供光线的中庭。

在广场的两头是两部通向音乐厅的旋转楼梯。在夏天，一部分波浪形的玻璃墙是可以旋转的。

“建筑与诞生它的社区密切相关”

宽阔的楼梯和大片挑空填充了广场到入口再到音乐厅之间的空间。

第八层的屋顶广场拥有绝佳的视角，游客可同时观赏到汉堡的城市景观和港口风光。

设计图经过了没完没了的修改，声学的要求和消防安全规格导致工期无限期拖延，同时也增加了额外的费用。2010 年 5 月，一份市议会的调查报告显示，工程出现的问题已经逐渐扩大，以致无法解决。很多媒体提出，要彻底终止这项工程。大家认为汉堡市政府应该承担工程所增加费用中的大部分，但是汉堡市政府和承包商对此存在极大的争议，以致工程在 2013 年 4 月暂时停工。尽管争议不断，工程依然获准继续进行，因为它规模巨大——如果过早停工，将极大地浪费资金。从此以后，这项工程的建造就确定下来了。2016 年 10 月 31 日，这项工程按照合同上规定的日期竣工。“这一天，我如释重负。”德•梅隆说。汉堡市从这项耗资巨大的工程中获得了什么回报？对这栋建筑和它的历史有所怀疑的人们很快就会被现实说服。易北爱乐厅无论从外观还是内部来看，都是一栋壮观而引人瞩目的建筑。波浪式的屋顶激起了人们对山峰、流水和汉斯•夏隆设计的柏林爱乐厅的想象。然而，赫尔佐格并不承认他的设计与柏林爱乐厅存在关联。“我们的作品并不是线性的推导，”赫尔佐格说，“我们觉得推导是索然无味的。我认为人们更着迷于它，是因为它看起来更像帐篷而不是波浪。”当游客们穿过质朴的入口，搭乘长长的自动电梯往上走，被称为广场的公共空间便展现在人们眼前。这个公共空间四周围绕着屋顶平台，游客们既可以欣赏到汉堡的城区景观，港口风光也一览无遗。一个楼梯和空间的复合结构指向了这个建筑中最令人神往的地方：一个可以容纳 2100 位听众的大音乐厅。由于空间有限，音乐厅相对紧凑且高大，使得听众与指挥之间的距离不超过 30 m; 大厅的听众区域采用葡萄园式设计，包厢紧密关联，围绕在舞台周围。夏隆的影响在此处也非常明显，但是赫尔佐格对此也持否定态度。“我们追求的是埃匹达鲁斯古剧场的钻石音质，”他说，“以及莎士比亚剧场的亲密感和足球体育场的拥挤度。”

这种出色音质体现在覆盖了墙壁和天花板的隔音板上。使用数控铣床制作的高密度石膏纤维板构成了反射回声的天花板。“无论何时反射声音，任何细微音质都是浑厚且深沉的，”建筑工程师艾斯坎•梅根塔勒表示，“当没有声学上的用途时，它又富于观赏性，使人愉悦。”为了达到最佳效果，每块纤维板的设计都与众不同，设计师们制作了一个脚本编程。“我们输入基本信息，譬如某个特定地点天花板的大小和深度，电脑就会生成一个可直接供数控铣床制作的设计图。”梅根塔勒说。

尽管运用了这些先进的设计方法，工程费用依然高昂。问题也随之而来：赫尔佐格和德•梅隆的设计中最精彩的部分将来会得到什么样的评价？在美国和英国，民粹主义已取得胜利。不难想象，今年晚一些时候，在欧洲大陆将举行的各种选举中，同样的情况也有可能发生。文化精英及其反对者之间的分裂同

一个直径 15 m 的反射板被置于大音乐厅顶上。德国波恩管风琴制造商克莱斯为大音乐厅量身定制了一款管风琴，放置在音乐厅观众席的中间、两侧与后部。

小音乐厅可容纳550位观众，座席与四周墙面是橡木制的。出于声学上的需求，墙面也经过了数码铣床的磨削，呈波浪状。

样可以在关于这座建筑的评论文章与网络舆论之间的分歧之中看到。比如，英国卫报的两名记者（奥利弗·温莱特和罗恩·摩尔）赞誉这座建筑达到天堂级的高度，但是在对该文章的评论中却出现了截然不同的意见。不仅是远超预算的建造成本成为众矢之的，就连建筑的设计本身也受到了批评。“现代主义已经衰颓”，这是某些人的观点。另有一些人认为，“从全然不同的世界中诞生的古典交响曲”将在这个“可怕的怪物”中演奏。第三方甚至从像易北爱乐厅这样的建筑中看到了在欧洲不断壮大的极端主义的根源：“当失败的经济体制中还有一部分人在垂死挣扎时，这些为新自由资本主义增添荣耀的庙宇和宫殿却受到了富人阶层和阿谀奉承的政治阶层的推崇。”因带来如此多的潜在两极分化与质疑，易北爱乐厅很有可能——也很遗憾——在可预见的将来成为绝唱。然而，毕竟它已建成，人类将难以去除这重达200 000 t的建筑。

http://herzogdemeuron.com

玻璃上的印花形成一道风景。宽大的波浪状的透明玻璃上有椭圆形通风口，可打开来通风透气。

窗口清洁装置不适用于波浪形的屋顶。因此，易北爱乐厅外立面的清洁需要清洁人员沿绳悬空作业。清洁人员可以将他们的绳索系在屋顶边缘的栏杆上。

纵剖面

自动扶梯全貌(旧仓库)
与音乐厅（上部结构）

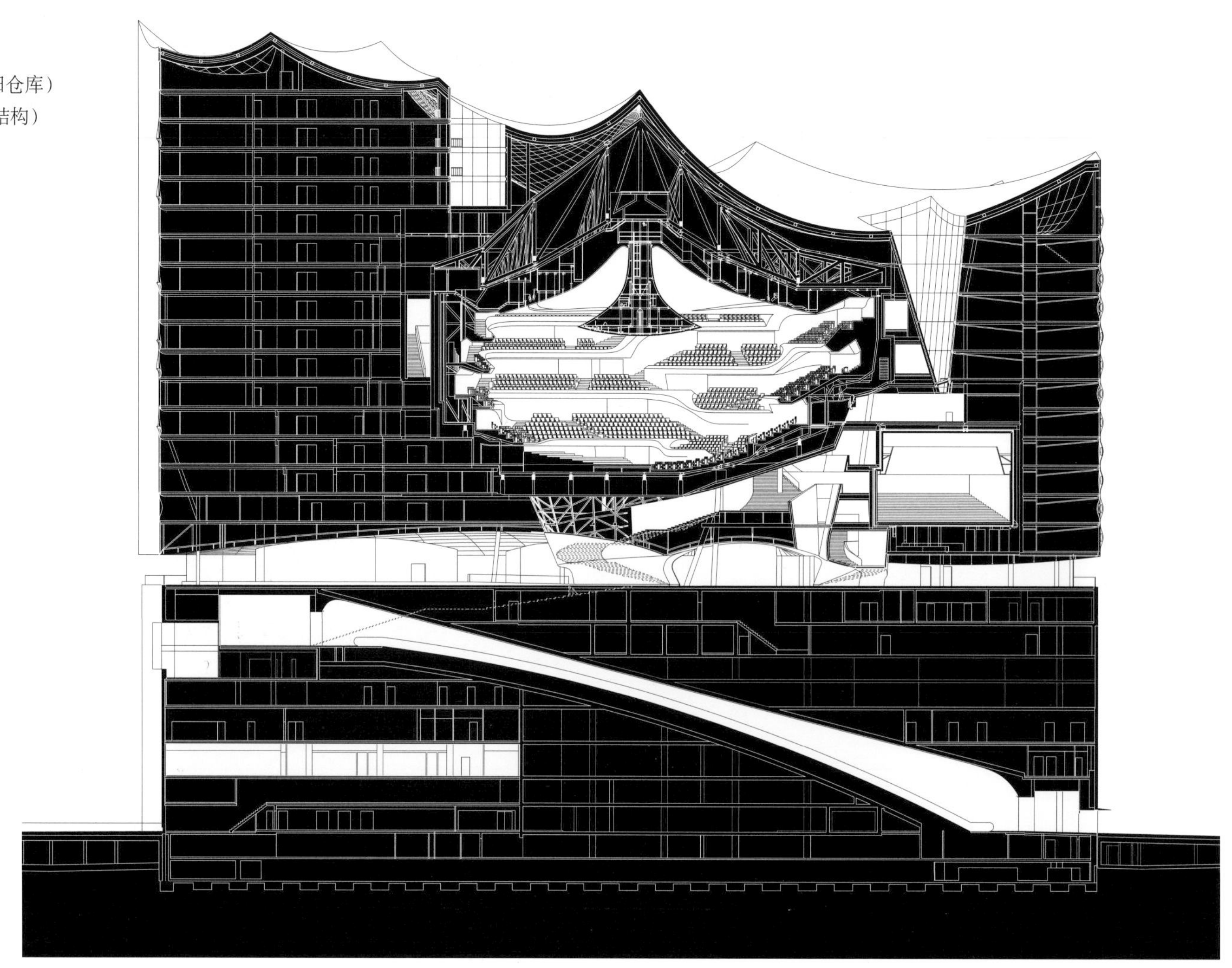

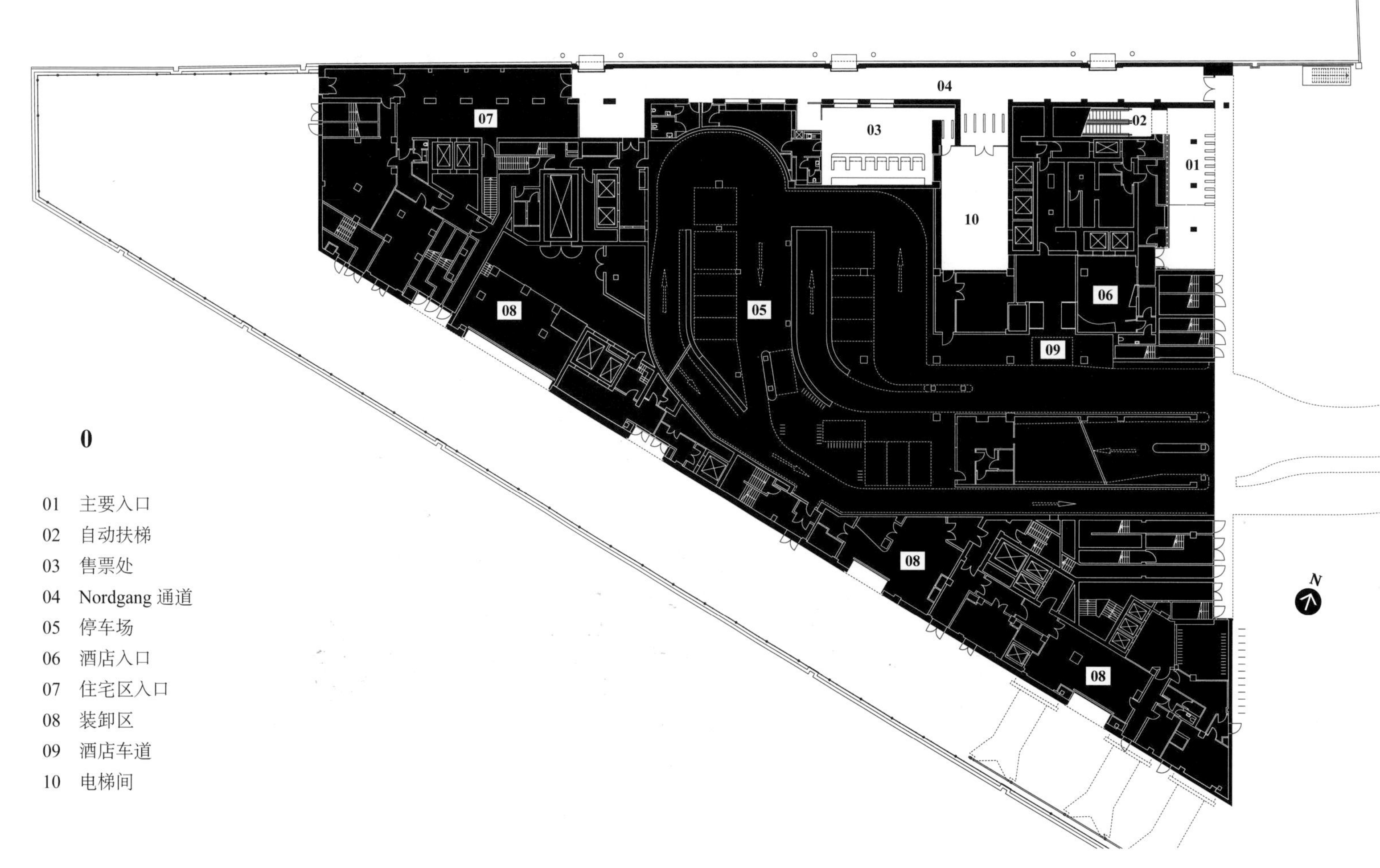

0

01 主要入口
02 自动扶梯
03 售票处
04 Nordgang 通道
05 停车场
06 酒店入口
07 住宅区入口
08 装卸区
09 酒店车道
10 电梯间

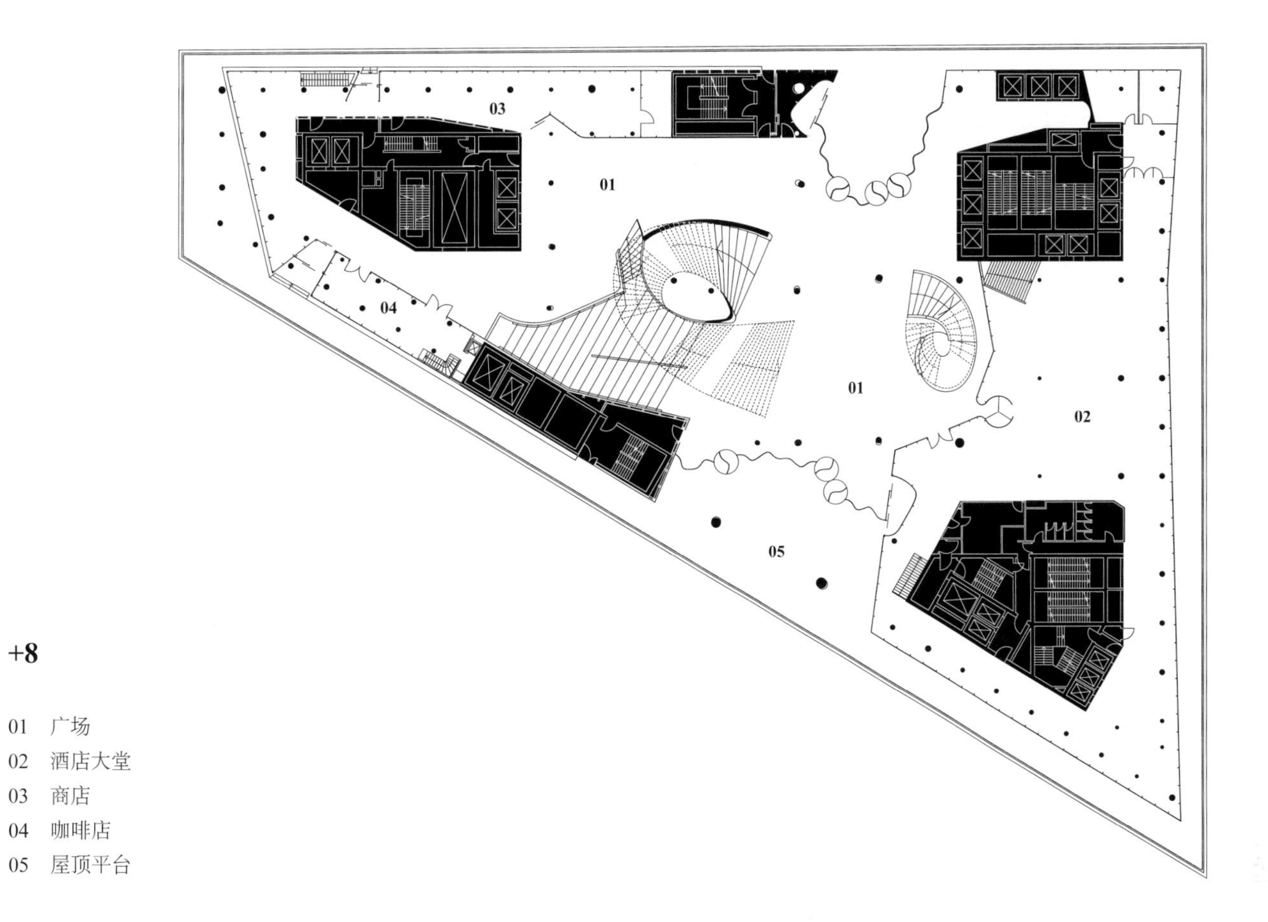

+8

01 广场
02 酒店大堂
03 商店
04 咖啡店
05 屋顶平台

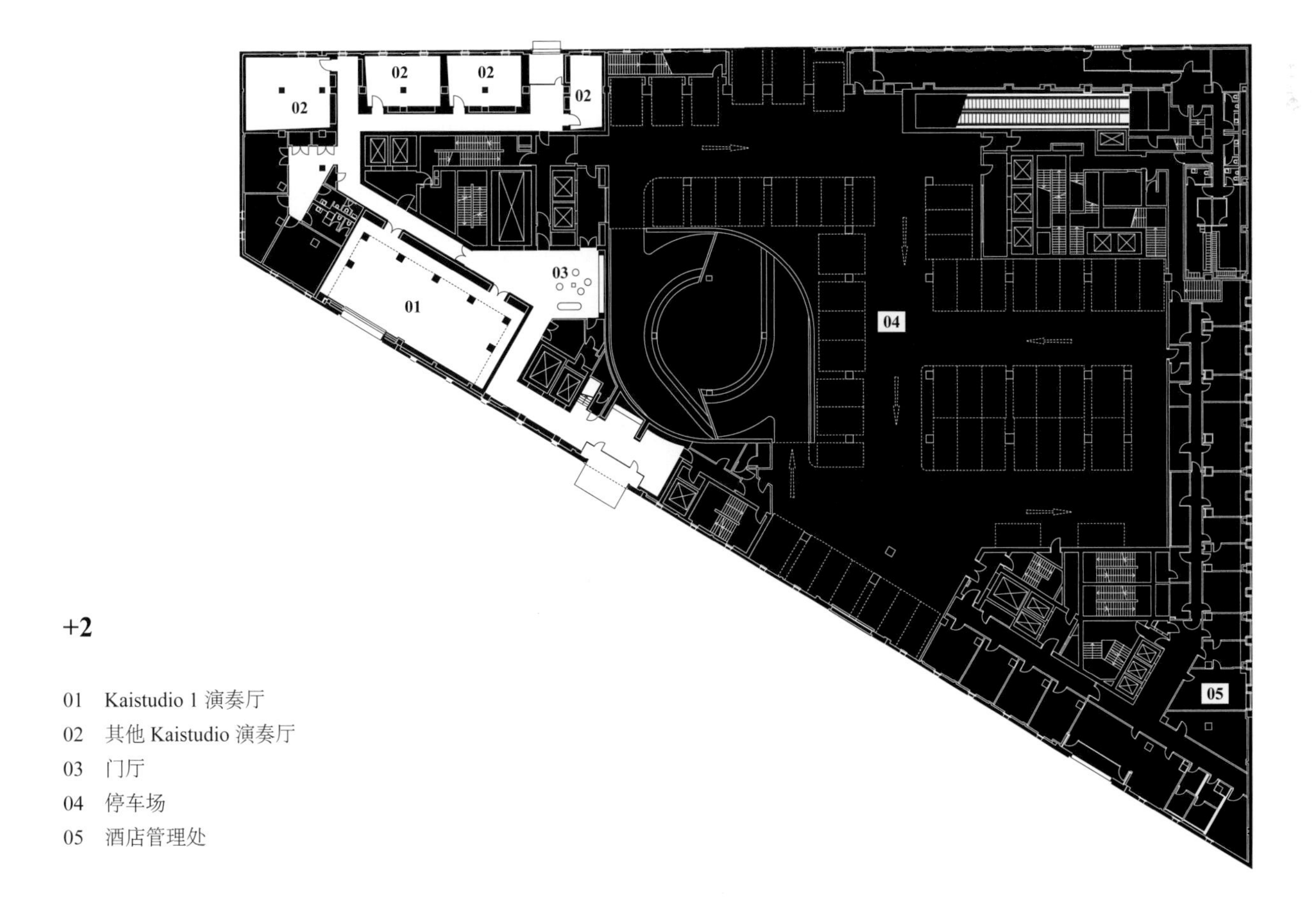

+2

01 Kaistudio 1 演奏厅
02 其他 Kaistudio 演奏厅
03 门厅
04 停车场
05 酒店管理处

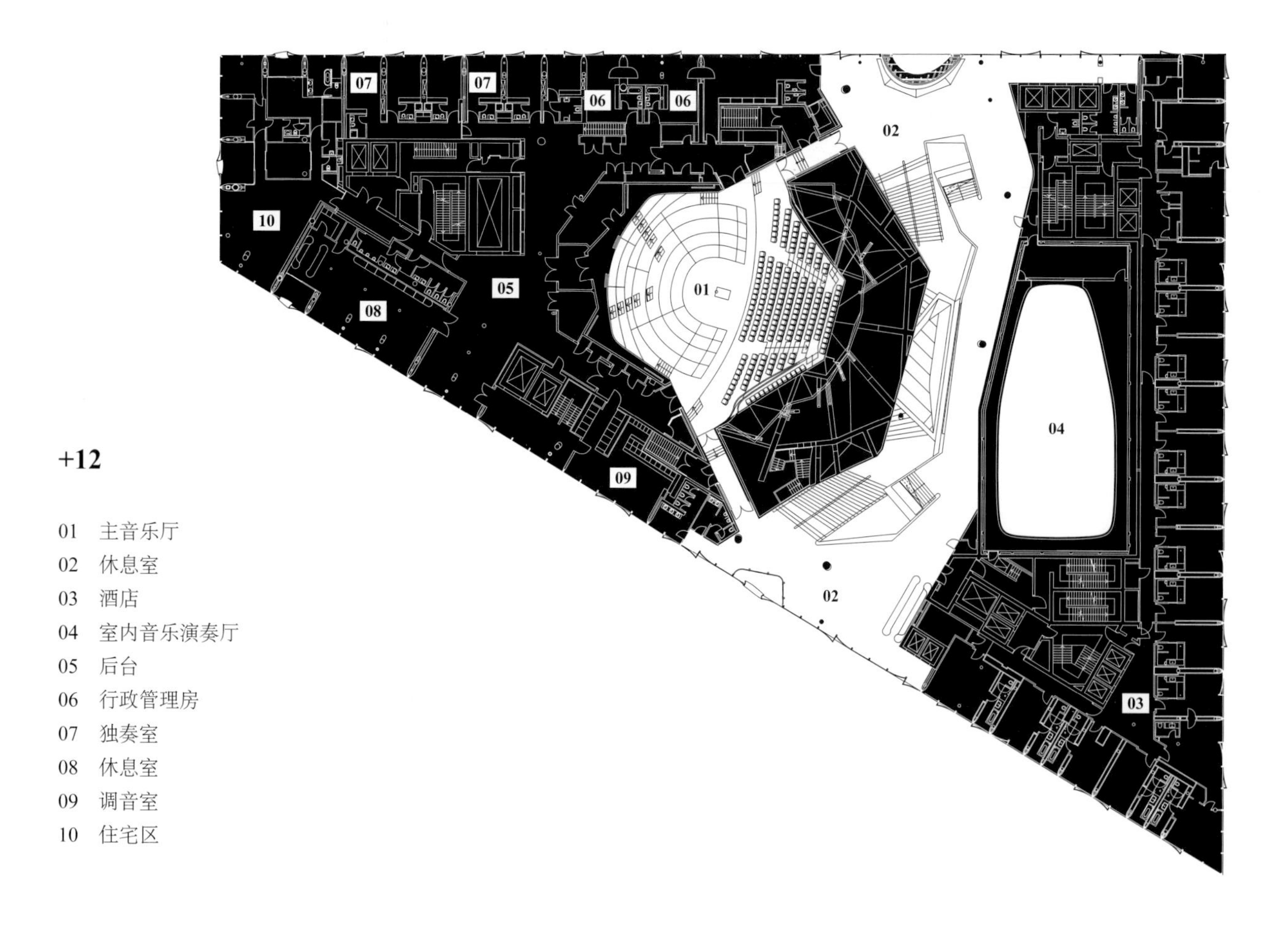

+12

01 主音乐厅
02 休息室
03 酒店
04 室内音乐演奏厅
05 后台
06 行政管理房
07 独奏室
08 休息室
09 调音室
10 住宅区

“我们追求的是埃匹达鲁斯古剧场的钻石音质”

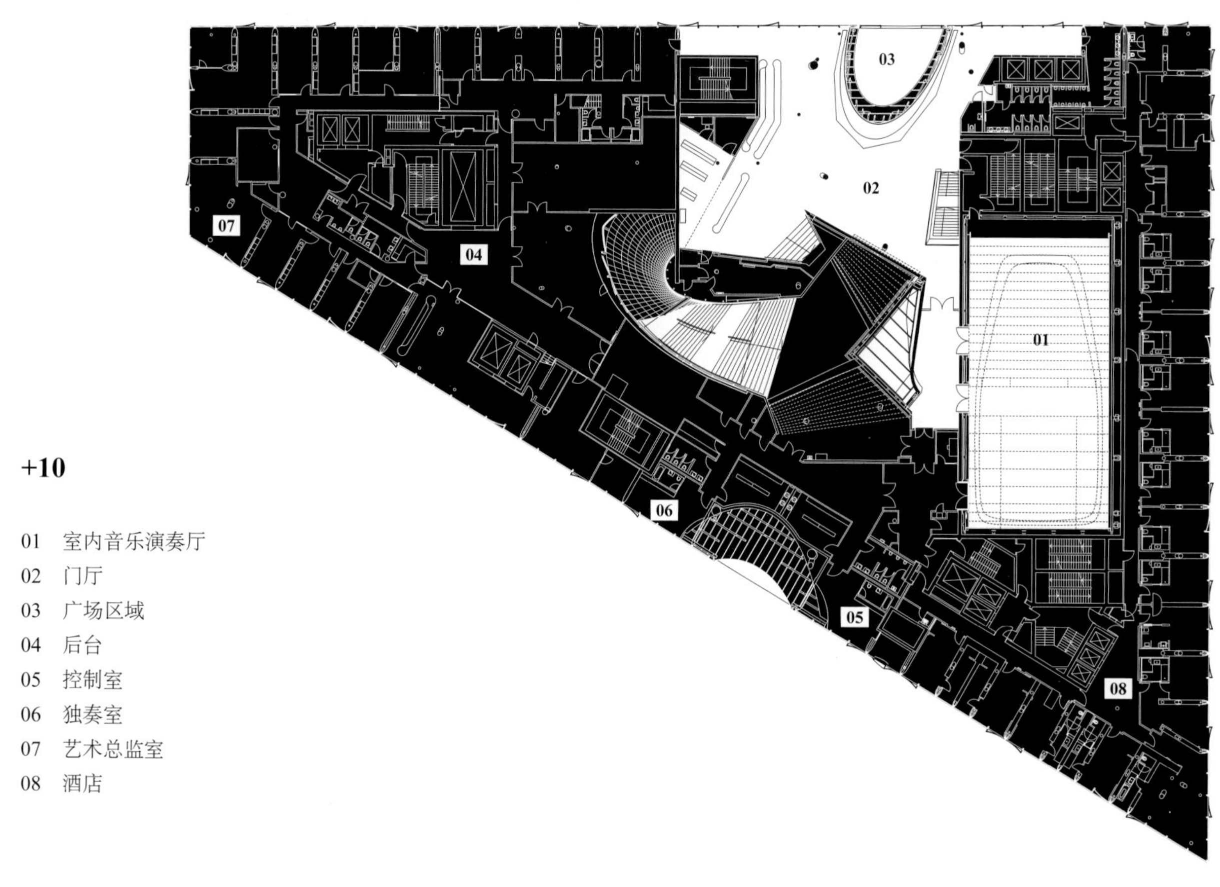

+10

01 室内音乐演奏厅
02 门厅
03 广场区域
04 后台
05 控制室
06 独奏室
07 艺术总监室
08 酒店

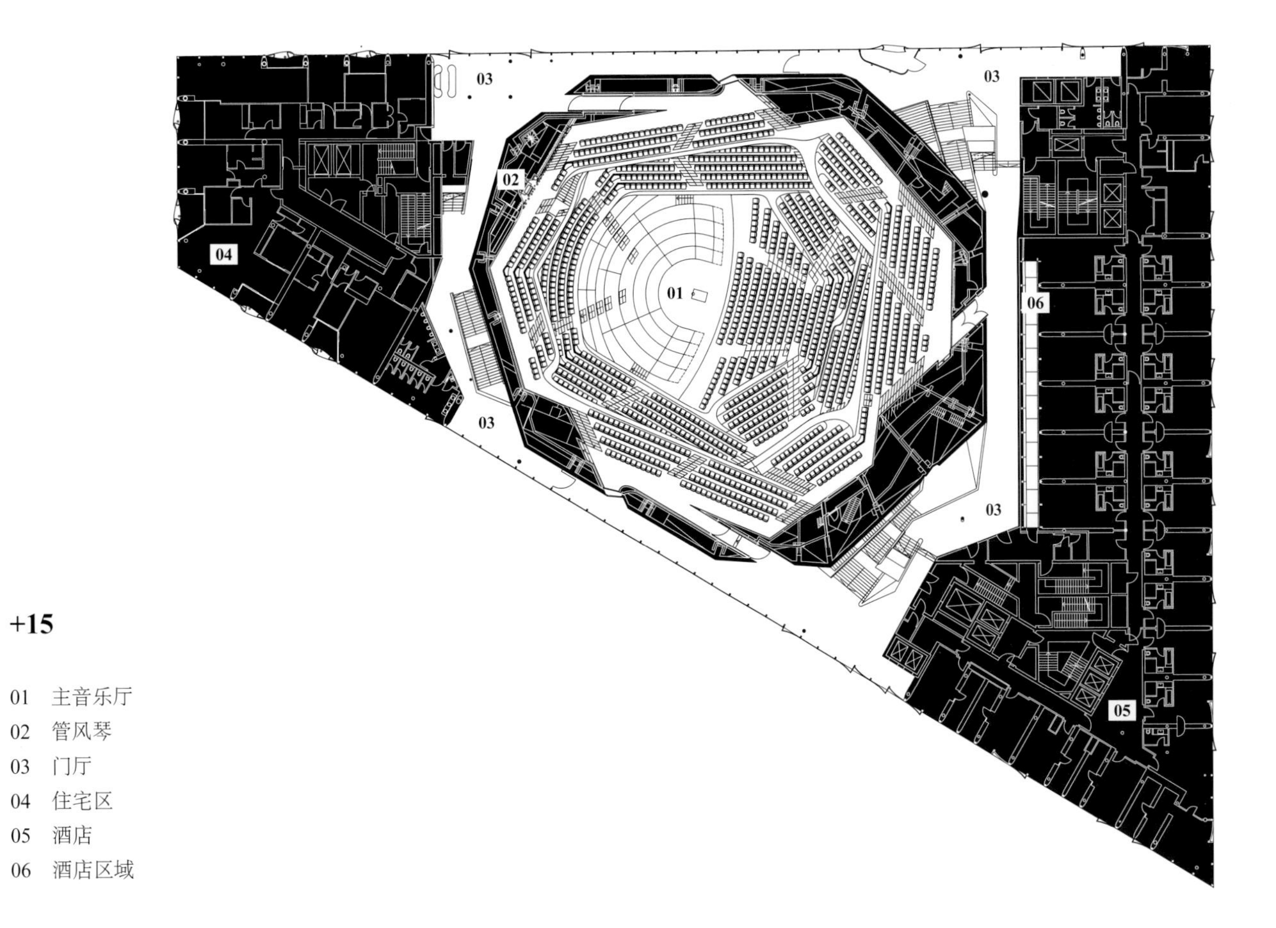

+15

01 主音乐厅
02 管风琴
03 门厅
04 住宅区
05 酒店
06 酒店区域

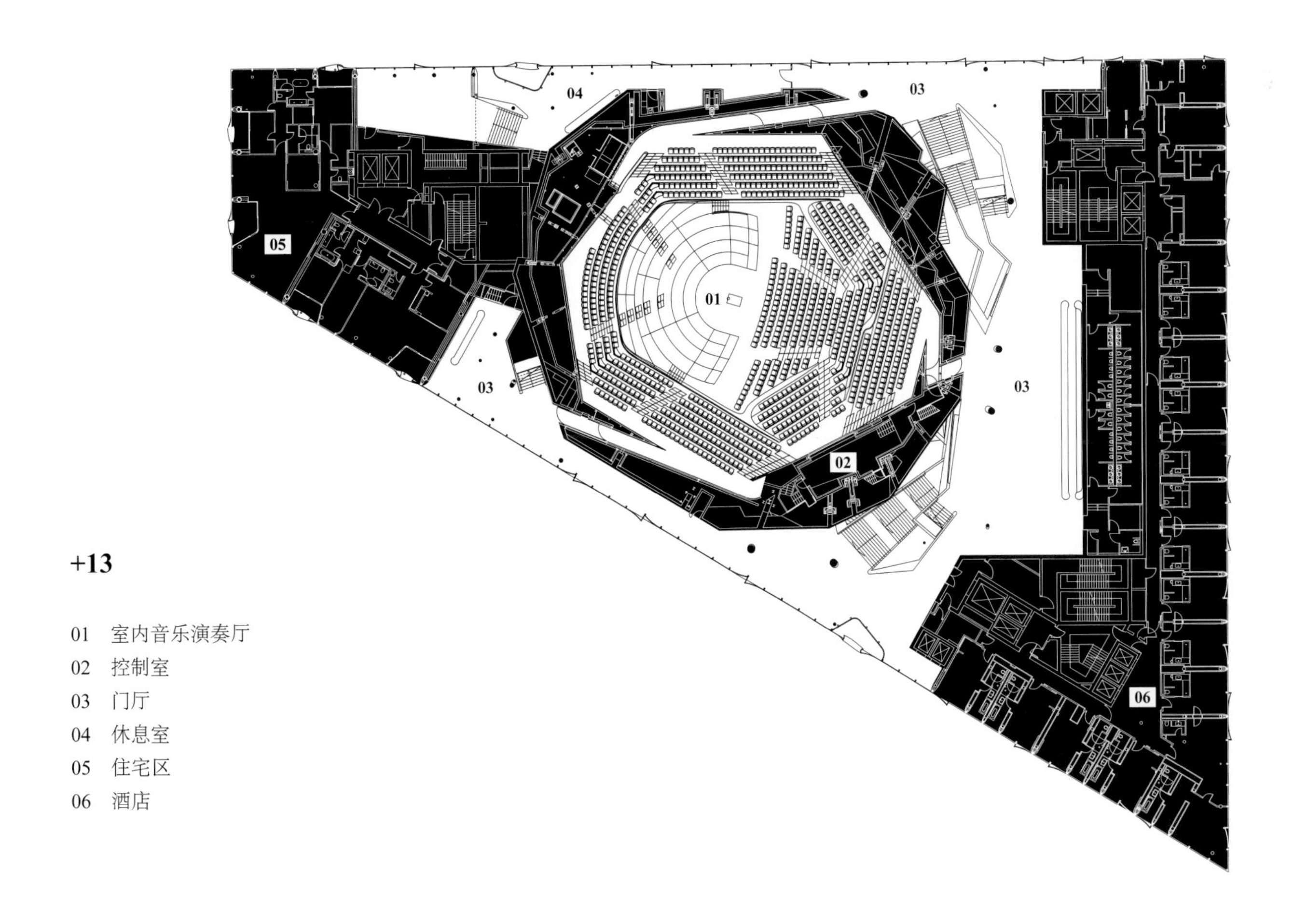

+13

01 室内音乐演奏厅
02 控制室
03 门厅
04 休息室
05 住宅区
06 酒店

The

加拿大国家音乐中心：分水岭

由美国的同盟建筑事务所（Allied Works）设计的加拿大国家音乐中心成为复兴日渐衰落的街区的催化剂。

文 / 迈克尔 • 韦伯（Michael Webb）
图 / 杰瑞米 • 毕特曼（Jeremy Bittermann）

阳光给外立面带来金属般闪亮的质感。

在接待处的正上方有一个拥有 300 座席的演奏空间。

加拿大的新地标在一个意想不到之处出现了。国家音乐中心诞生于一个日渐衰落的街区，它就像这座城市通往凯旋的门户，闪耀着草原的光影变化。它是布拉德•普菲尔所率领的同盟建筑事务所赢得竞标的设计作品，是一个赞誉音乐的艺术之作。为纪念主要的赞助公司，将这个建筑命名为“贝尔工作室”。其他的赞助者包括联邦政府、地方政府、市政府和个人。

卡尔加里市是一座石油工业城市，坐落在落基山脉东部边缘。这座城市有世界最大的斗牛竞技场之一，因一年一度的卡尔加里牛仔节而闻名。它在文化艺术方面落后于多伦多、蒙特利尔和温哥华，但是国家音乐中心可能会在艺术上带来全新面貌。这个非营利机构是音乐经理人安德鲁•莫斯克的智慧结晶，他想要与更多的听众分享自己的热情，同时还提供演出、录音、教育和博物馆展示。国家音乐中心位于东村，横跨主干道，与牛仔竞技公园在同一轴线上。莫斯克之所以选址于此，是想要挽救百年老店——爱德华国王酒店。这家酒店曾是蓝调音乐的热门据点，却于 2003 年倒闭了。

2009 年，同盟建筑事务所想要打造一个与众不同的音乐空间：建筑主体由 9 栋连锁塔楼构成，东侧有 6 栋楼，西侧的 3 栋楼与爱德华国王酒店合并，一架人行天桥连接起两侧的大楼，天桥也作为活动空间。“塔楼恰如乐器中的共鸣箱，其间有宁静的空间，”普菲尔说，“这些挑空空间充当了桥梁的角色，令人期待，使人意欲探知接下来会发生什么。”这个诗意的说法影响了评审团。“我们选择了同盟建筑事务所是因为他们与我们的理念不谋而合。同时，他们在改造历史建筑和设计文化设施方面经验丰富，”莫斯克回忆道，“他们常常与富有创造力的人共事，他们的设计并不追求轰动一时的风格，而是颇具地方特色。”

在此后数年，建筑设计师和委托人共同推进项目，其方式是将五层塔楼和酒店的建造工作分 5 个阶段进行，其中酒店部分保留了地下俱乐部。覆盖着陶瓷墙砖的塔楼分为两大体块，自然光线透进塔楼之间的缝隙，使得光影变幻无穷。人行天桥将建筑变成一个标志性的拱门，一个国家级机构所需要的地标，也成为重建卡尔加里历史街区的催化剂。附近街区在建造 Snøhetta 中心图书馆，预计于 2018 年开放。毫无疑问，贝尔工作室的落成还将会增加两个街区外的

“这些挑空空间充当了桥梁的角色，令人期待，使人意欲探知接下来会发生什么”

THE JAIMIE HILL &
TAMMY-LYNN POWERS
MEMORIAL STAGE
SCÈNE
JAIMIE HILL &
TAMMY-LYNN POWERS
MEMORIAL

导览长廊位于大楼中部，有通往人行天桥的入口。

杰克歌手音乐厅的上座率。

同盟建筑事务所设计的博物馆颇具特色：外观静穆并受此启发使用单一材质。例如，坐落于曼哈顿中心区的纽约艺术设计博物馆是一栋由爱德华·德雷尔·斯顿设计的后现代风格塔楼，它的外表面是灰白的瓷砖墙。丹佛的克莱福特·斯蒂尔博物馆使用了粗糙的混凝土板，呈现出丹尼尔·里伯斯金的设计给这座市立艺术博物馆增添的古怪感。同盟建筑事务所设计的魁北克的市立美术馆，在未能实现的设计方案中包含了 7 个铝制包角。

在卡尔加里，建筑设计师们花了数月定制了一种带釉质的标准瓷砖，可兼用于室内外。“对平面而言，选择一种石墨是轻而易举的，”项目设计师丹·科赫解释说，“但是，要找到能够完美匹配弯曲表面的淡金色调，看起来不能太黑，也不能显得内部笨重，这就颇费周折了。阴天时，两种色调的表面看起来很相似，但是当阳光照射时，它们看起来具有金属质感或彩虹色调，并且会像变色龙一样产生变化。”同时，这些瓷砖每一块都富于变化、与众不同，这些变化取决于瓷砖烧制时在窑中所处的位置以及温度。这种不规则，使得墙体变化万千，也呈现出手工制作的质感。平面和曲面交相呼应，瓷砖则分隔二者，具有遮蔽表面窗口和吸音的功能。白橡木用于上层楼面，石灰岩则用于大厅。

当参观者进入东侧大楼来到中庭时，仰头可见整栋大楼，同时还可一眼望到交织的塔楼和横梁框架。两部螺旋楼梯可通向 4 个楼层。几何形状看起来很复杂，但是结构却清晰明了：楼顶的支撑是有基础的，产生悬浮效果的关键因素是屋顶架设在塔楼汇聚之处。

“塔楼恰如乐器中的共鸣箱，其间有宁静的空间”

暗柱支撑着各层楼面，大量的横梁框架运用在拥有 300 座席、位于接待室的正上方的表演空间。“对于结构工程师和我们的团队而言，这是一个极大的挑战，”普菲尔回忆说，“我们先是用一个石膏模型来展示空间弧度，接着通过移动纸张来演示各个平面如何移动和接触，然后使用硬纸板、数字模型，最后用 Grasshopper 软件来绘制出我们改进的方案。”

在倾斜的演出空间里，舞台灯光隐藏在经过喷砂处理的铝管之中。演出空间既可以用隔音屏隔开，也可以向中庭敞开。音乐家们既可以向整栋大楼演奏，也可以向聚集于舞台跟前的观众们表演。舞台与音乐展览一样，在 5 个楼层中都有分布，为人们提供了一个互动交流的乐器体验场所（有的乐器可供人演奏）。展览内容包括加拿大音乐历史、音乐引起的生理与情绪反应，以及音乐如何影响人们的心情和周遭环境。五楼的休息室可供人们观览城市风光，同时人们还可参观音乐名人堂和当前的临时展览。走过人行天桥，西侧大楼还有播音室、录音设备（包括滚石唱片移动工作室）、音乐教室和电音实验室。

虽然普菲尔多方调研，向类似的机构取经，但国家音乐中心可能是在同一领域中独一无二的机构。它信心满满，想要获得所有人的肯定。它也将会实现大众目标，成为复兴加拿大西部城市与文化的催化剂。

alliedworks.com

展览廊提供与音乐相关的各种展示品，包括音乐引起的生理、情绪反应，以及音乐如何影响人们的心情和周遭环境。

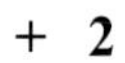

+ 2

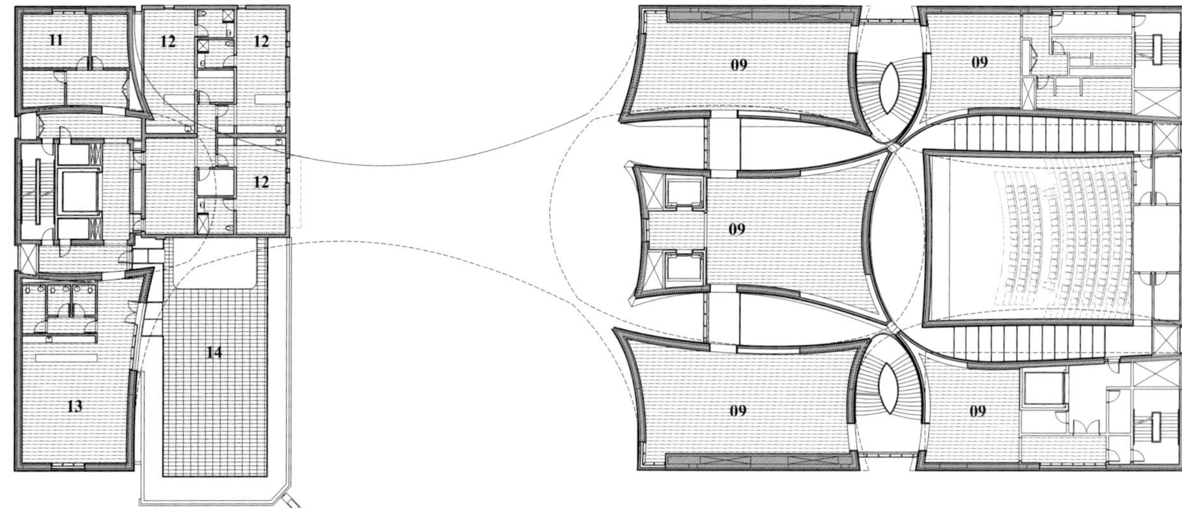

+1

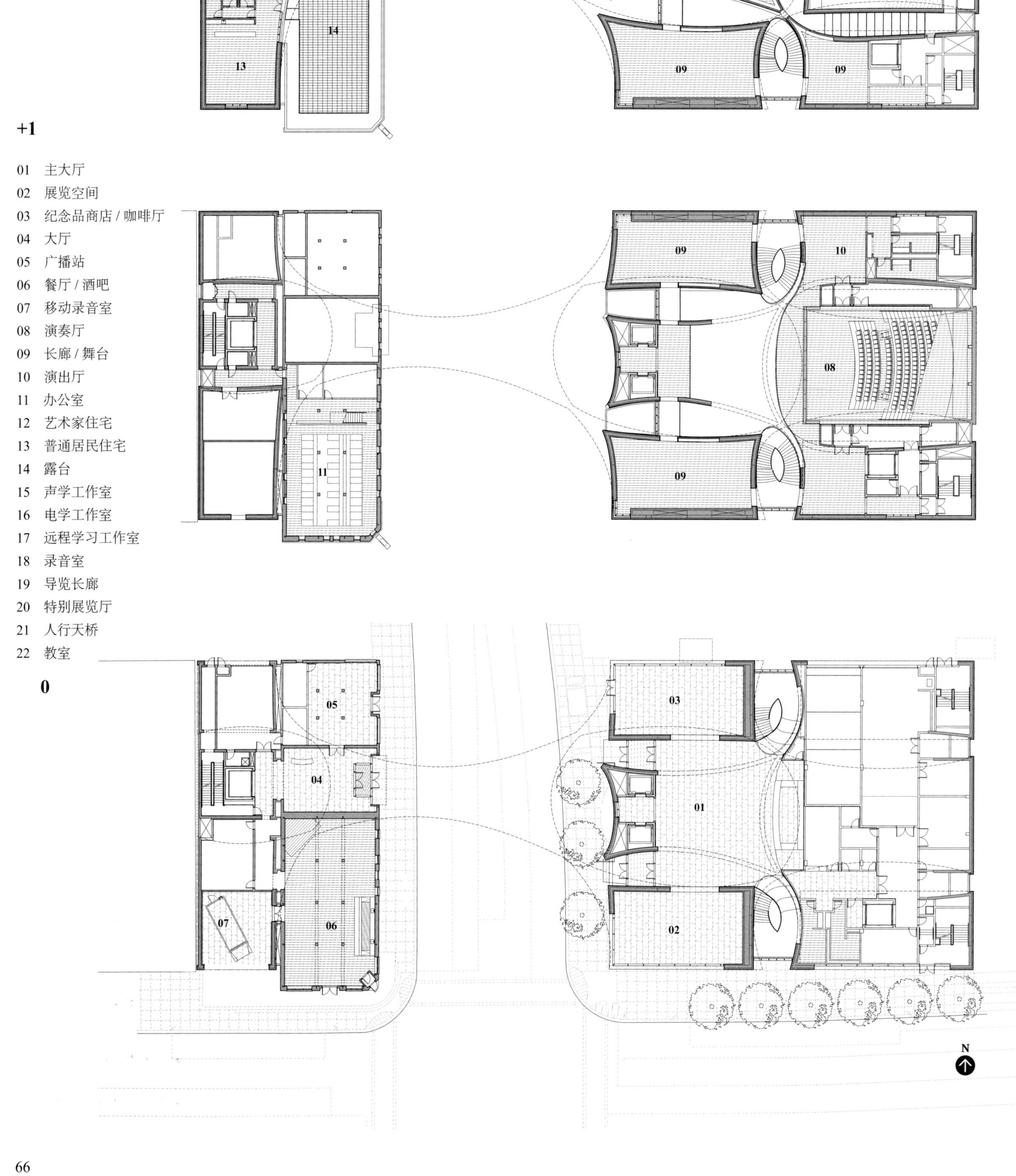

01 主大厅
02 展览空间
03 纪念品商店 / 咖啡厅
04 大厅
05 广播站
06 餐厅 / 酒吧
07 移动录音室
08 演奏厅
09 长廊 / 舞台
10 演出厅
11 办公室
12 艺术家住宅
13 普通居民住宅
14 露台
15 声学工作室
16 电学工作室
17 远程学习工作室
18 录音室
19 导览长廊
20 特别展览厅
21 人行天桥
22 教室
0
N

+ 4

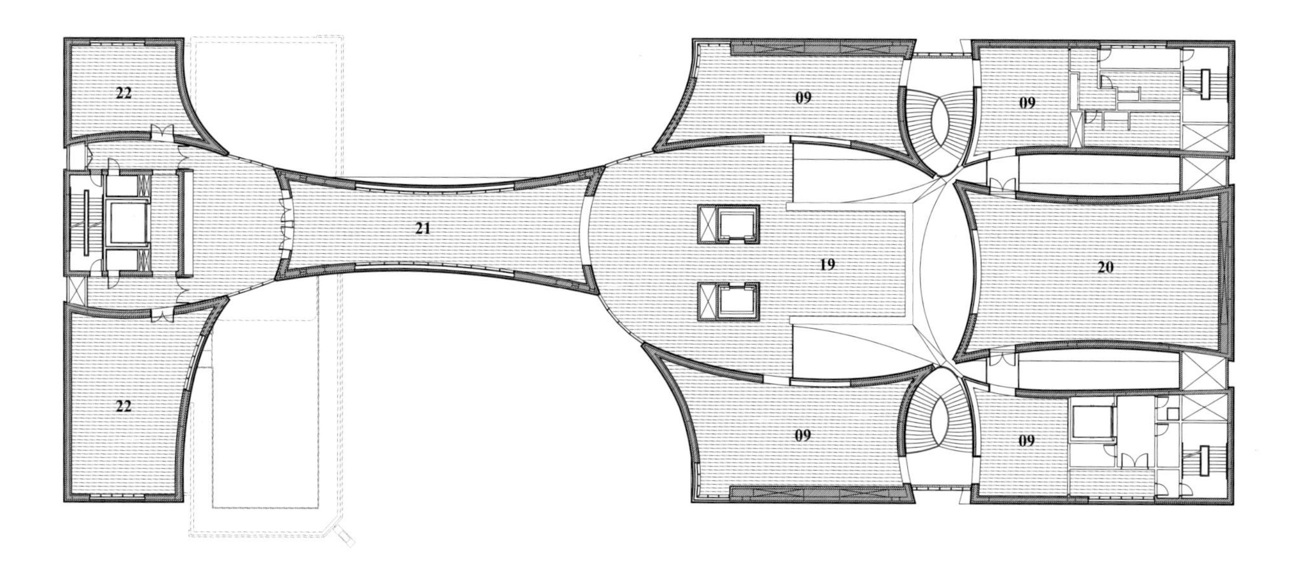

+ 3

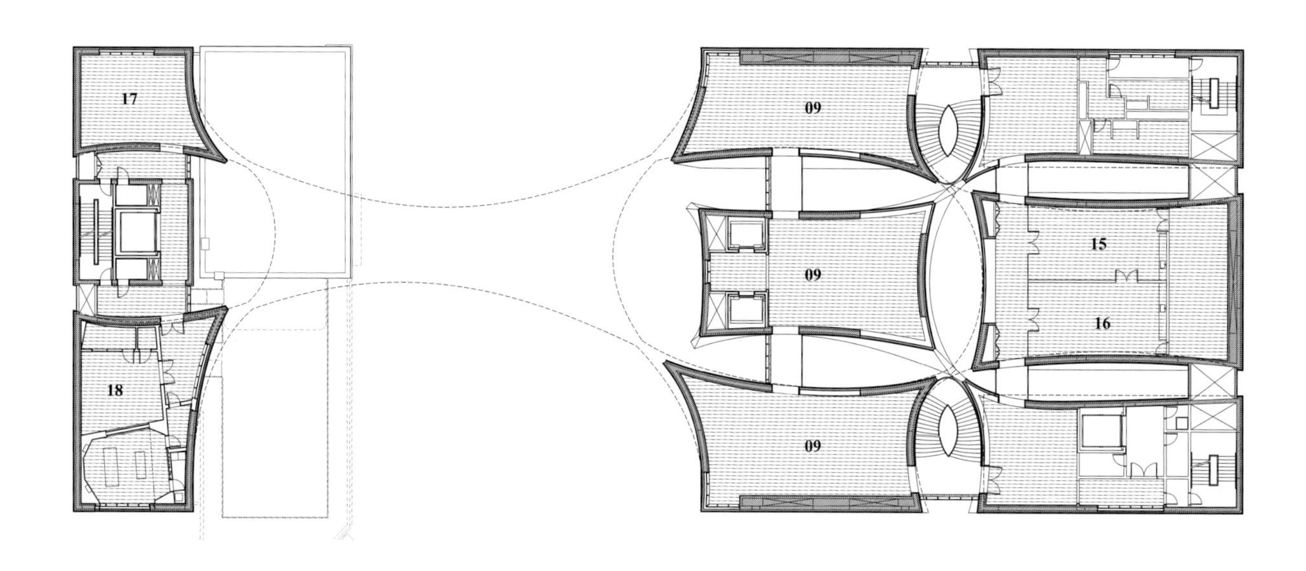

纵剖面

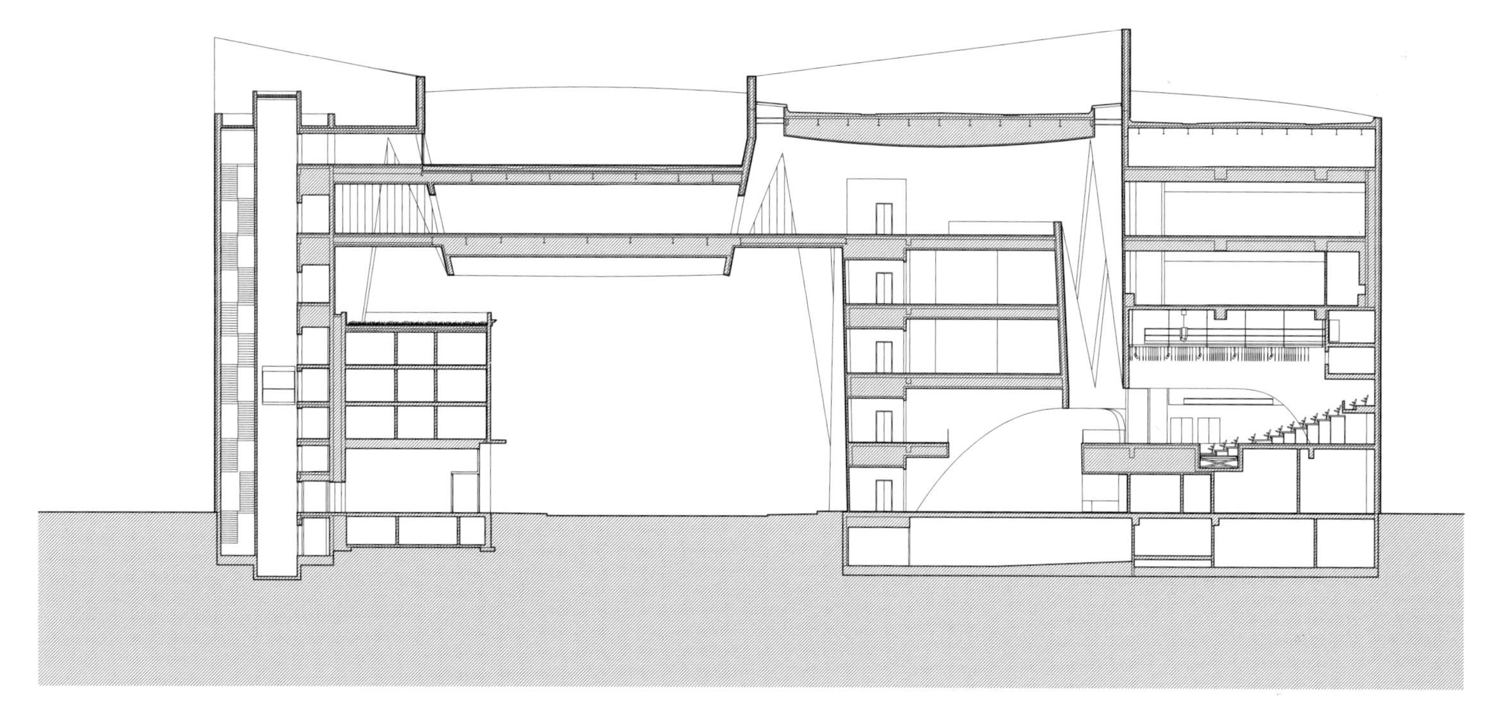

国际最新建筑设计
中文版
No.
1
建筑专案

深圳当代艺术馆与城市规划展览馆：探究展陈空间

蓝天组（Coop Himmeb（l）au）在中国深圳创造出了一件令人惊叹的杰作。

文 / 迈克尔 • 韦伯（Michael Webb）
图 / 塞吉尔 • 皮罗内（Sergio Pirrone）

深圳当代艺术馆与城市规划展览馆（简称MOCAPE）作为福田文化区总体规划的一部分，是深圳新兴的城市中心。

深圳作为中国改革开放和现代化建设的窗口，它超出了所有人的预期。在30年内，人口从30 000迅速增长至1500万，村庄被不断吸纳并入，这个在山与海的夹缝中生长起来的狭长都市已成为当今中国的一线城市。中心城区高楼林立、干净整洁，高架两边遍植行道树。由深圳本地优秀建筑事务所都市实践（Urbanus）设计的小型公园，让纷杂都市中的人们有了可以享受片刻宁静的去处。

像中国其他大城市一样，深圳拥有一系列标志性建筑，从福克萨斯设计的候机楼至OMA设计的证券交易所。其中最新的就是MOCAPE——深圳当代艺

一个拱形顶盖勾勒出了建筑的入口。

覆层材料强化了建筑形式的雕塑感：艺术展陈空间的外表面为石材，城市规划空间为穿孔金属板，动线处则使用玻璃，以获得充足的自然光。

术馆与城市规划展览馆，它是蓝天组2007年的竞赛优胜作品。场馆位于福田区，地处一片硕大的空地，周围高楼环绕，其中还包括矶崎新所设计的深圳文化中心（音乐厅与图书馆相结合）。每个展陈空间占据一个多边体块，作为连接的曲面体坐落在一个二层楼高的平台上，其中容纳了公共空间和会场。建筑被设计成面朝深圳书城的地铁站，书城是一个繁华的商业综合体。一个拱形的顶盖勾画出建筑的入口。覆层材料强化了建筑形式的雕塑感：艺术展陈空间的外表面为石材，城市规划空间为穿孔金属板，动线处则使用玻璃，以获得充足的自然光。

“MOCAPE从内至外均被设计过，”项目建筑师马库斯·普洛斯尼格（Markus Prossnigg）解释道，“我们的目标是让每个展陈空间都各具特色，并创造出一个室内公共广场，它像一个庇护所一样，使身处其中的人们不受温度与湿度的影响。通过将建筑主体抬高10 m，我们得以将服务性空间与陈展空间分开，让参观者获得更好的视野，能够浏览周围环境。”自动扶梯穿过平台至广场，一直延伸到上层空间。由法兰克福事务所博林格和古洛曼（Bollinger und Grohmann）设计的钢柱结构网包覆着中间的无柱空间。广场上“漂浮”着一个被称作“云”的卵形物体，表面材料为抛光不锈钢，它的两边通过桥廊和

像福田区的其他建筑一样，MOCAPE 的主层比地面高出 10 m。

“这个公共广场是一个不受湿热侵袭的庇护所”

缓坡连接着展览厅。卵中有一个咖啡厅和一家书店，出入口位于背面平台，可以由广场直接到达。“云”在高耸中庭中充当着向导的角色，倒映着周围的光影。

我们可以将 MOCAPE 和同样出自蓝天组之手的法国里昂汇流博物馆（Musee des Confluences）来做对比。里昂项目的目标，是为这座位于罗纳河和塞纳河交汇处的城市创造一个象征性的大门，与这个重新焕发活力的港口紧密相连。汇流博物馆的主体架在柱桩上，入口则是一个看似浮在公园上的玻璃泡。两者还有其他相似之处，如金属覆层、粗壮的结构，汇流博物馆中心也有类似 MOCAPE“云”的旋涡状结构作为空间的焦点。虽然蓝天组设计的建筑都带有清晰的家族印记，但是它们每一个都呼应其独特的场地，带有各自的目的。

普洛斯尼格（Prossnigg）发现，MOCAPE 与周围环境是分开的，它们之间隔着宽阔的大道，就像巴西利亚的那些大道一样，让人无法逾越。你必须搭乘地铁、开车或乘出租车才能到达场地。作为一个在威尼斯出生的建筑师，他习惯了在集中型的步行城市中做设计，所以这次是个不小的挑战。再加上西方建筑标准与中国建筑标准间的鸿沟，使得外国建筑师经常被排除在施工过程及很多管理组织之外，著名的例子有扎哈为广州设计的歌剧院，项目施工就惨不忍睹。

蓝天组很幸运。合约保证了他们能够参与项目的全过程，从方案设计到最终建造。MOCAPE 的室内设计部分，交给了由与蓝天组在大连国际会议中心项目合作过的室内设计师，结果堪称典范。

大气污染威胁着很多中国城市居民的健康，所以 MOCAPE 的“绿色”显得格外突出。建筑的能源来自太阳能和地热，还拥有一个地下水冷却系统。整个建筑有良好的隔热性能，展厅的屋顶引入自然光，减少了人工照明的使用。双层楼高的展厅采用自动调温系统，圆形展开的规划设计展厅楼板被刻意留空，让参观者可以以城市和中庭景色为背景欣赏展览。

经由缓坡或自动扶梯，参观者到达主层的“广场”，这里是他们参观游览展馆的起点。

3

3

银光闪烁的“云”是中心向导，也是广场上的一个目的地元素。“云”在很多层都起到了公共空间的作用，如咖啡厅、书店和纪念品店。

MOCAPE 作为一个奇观盖过了其中展览品的光芒。

+2

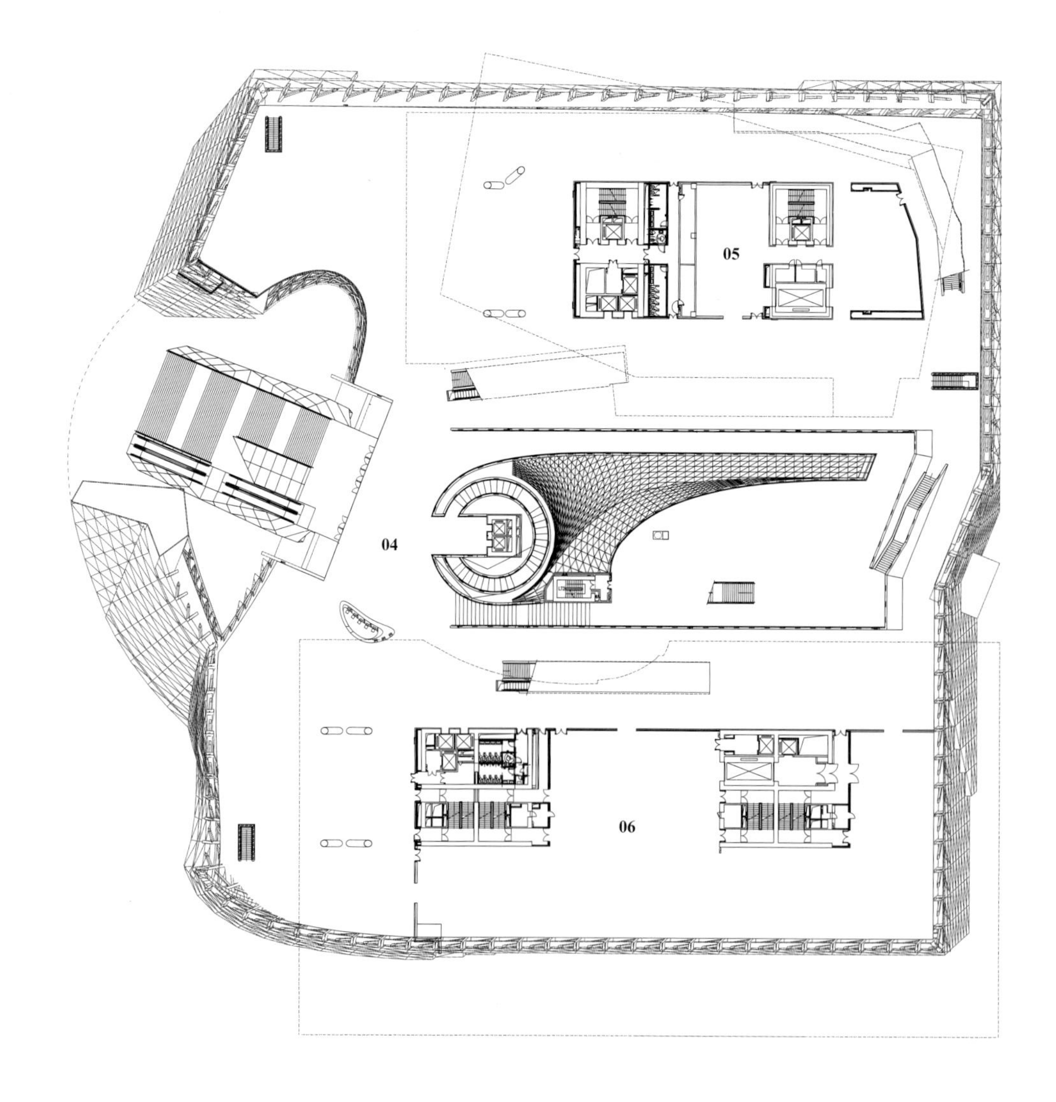

0

01 商店
02 餐厅
03 服务台
04 广场
05 规划设计展馆
06 现代艺术展馆
07 “云”

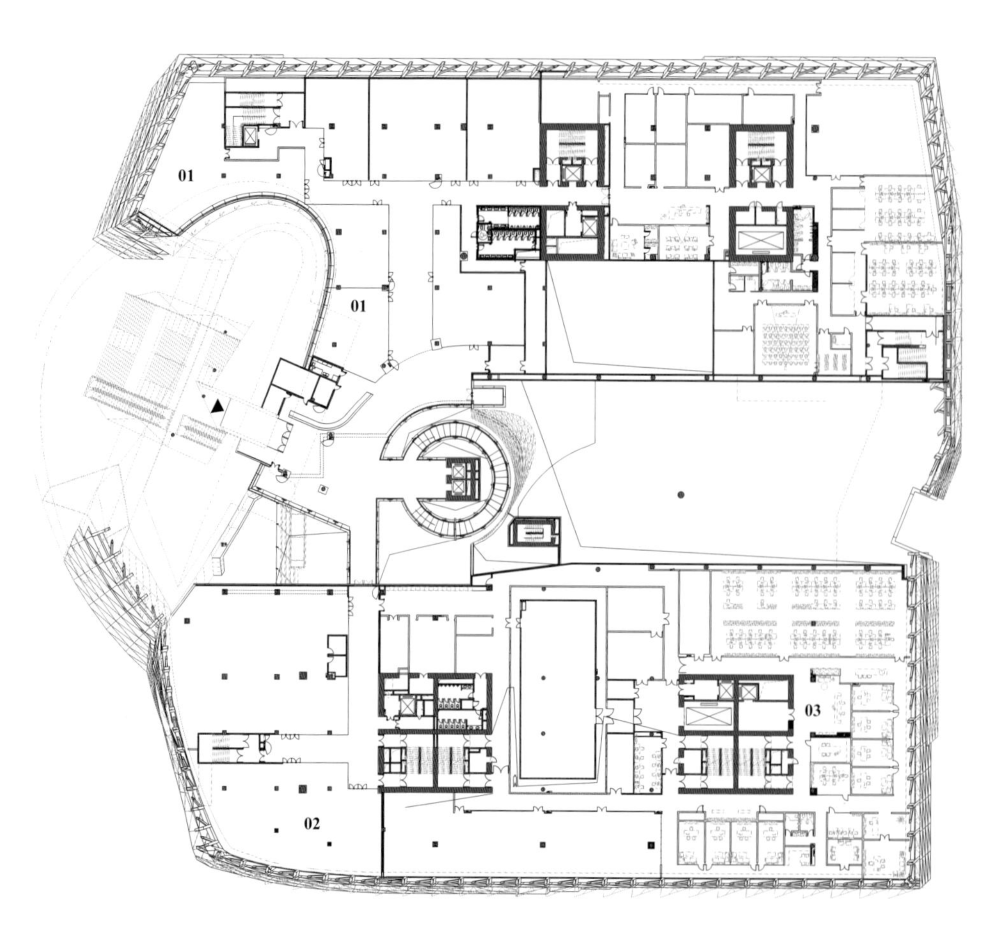

+6

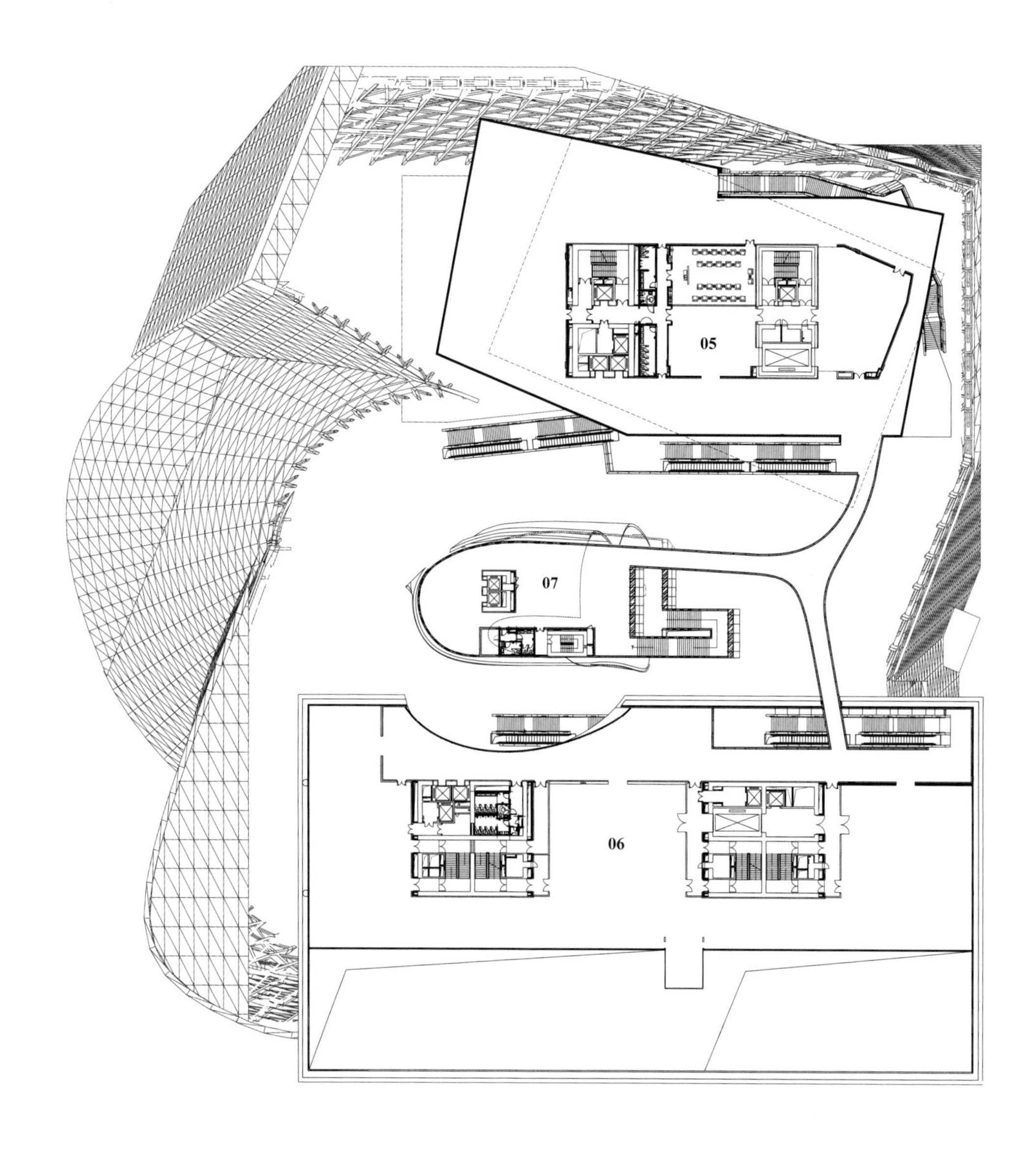

横剖面

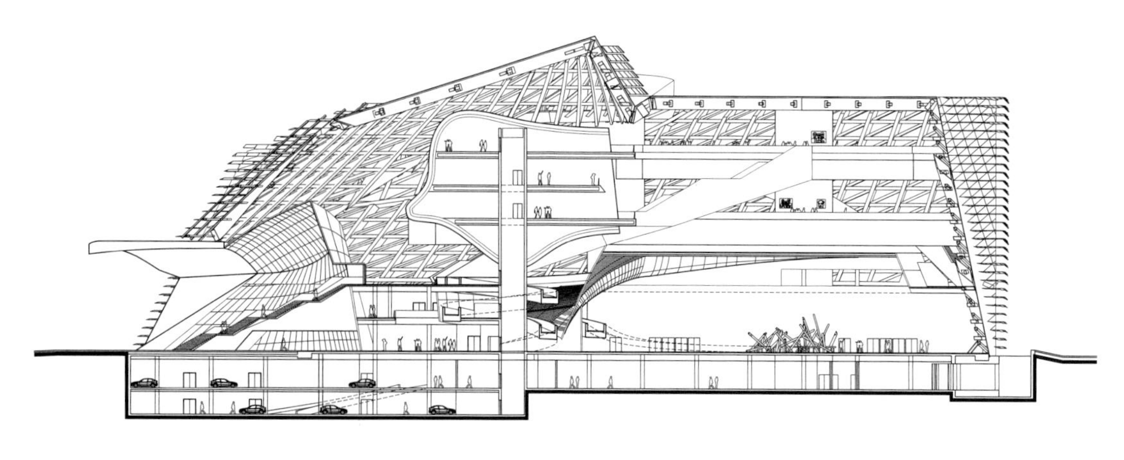

纵剖面

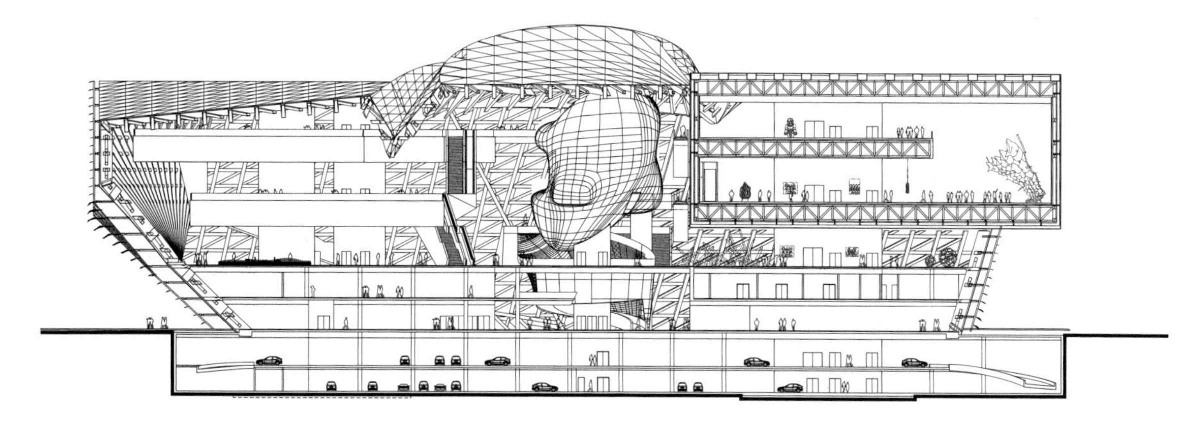

罗马会展中心：笼中的云

福克萨斯工作室所设计的罗马会展中心的特色，
是一个漂浮在玻璃盒子中的形状自由的会堂。

文 / 莫妮卡 • 泽波（Monica Zerboni）
图 / 塞吉尔 • 皮罗内（Sergio Pirrone）

福克萨斯工作室设计的罗马新会展中心大概是这个小镇甚至现阶段的意大利被讨论得最多的建筑了。同时，它也是受到最多质疑的建筑。就在建筑正式开放前不久，我在马西米利亚诺·福克萨斯（Massimiliano Fuksas）位于罗马的办公室见到了他。福克萨斯本人对这一现象并不感到惊讶。“我不在乎那些评论家”所言，这位意志坚定的建筑师说，“相反，我将这个项目的落成看作我与典型的意大利官僚作风和政治争论长期艰难斗争的成果。”

1998年，马西米利亚诺·福克萨斯和多利亚纳·福克萨斯被诺曼·福斯特（Norman Foster）主持的评审团选中，负责建造一座新的会展中心，选址就在罗马市南郊的EUR——意大利独裁者墨索里尼（Mussolini）于20世纪30年代设立的极具纪念意义的商业区。自那一刻起，一场充满建造工期延误、预算增加、规划监管和各方关系矛盾的冒险就开始了。18年之后，历经万难的建筑物终于在10月29日正式落成，还吸引了大量媒体的关注，活动还被电视直播。

场地形状规整，面对街区主轴线——克里斯托弗·哥伦布大道（Via Cristoforo Colombo）。建筑的整体设计遵从原本的街区平面和网格状街道。“建筑本身简单直交的线条是在向周围的现代建筑致敬，”福克萨斯解释道。从城市学角度来看，这一决定是为了让建筑空间延伸至周围那些可用的公共区域和广场。其结果就是，会展中心既是城市网络中一个独立的存在，同时又与周围环境有直接的联系。

上图 外壳紧挨着一座17层高的酒店。
两幢建筑周围的空间被用作户外活动。

下图 面积为7500 m^{2}的地面层被“云”占据。

作为履历中不乏米兰贸易展览馆和深圳机场这种大体量作品的建筑师，福克萨斯再次证明了他们把控大型项目的能力。建筑总面积达到55 000 m^2，可分成三个部分：外壳，一个沿纵轴放置的钢与玻璃结合的长方体；“云”，藏于外壳中，几何形式自由；“刃”，一个高细的独立黑色玻璃盒，内有一家拥有439个房间的酒店。此外，还有一个有600个车位的地下停车场。“对我来说，这个设计体现了两种建筑风格的完美结合，现代罗马的理性主义和巴洛克的自由空间表现，”福克萨斯指出。

从位于克里斯托弗·哥伦布大道上的主入口进入场地，参观者会感受到壮观建筑物带来的冲击。外壳是整个建筑群的主体，它是一个长175 m、宽70 m、高39 m的透明盒子。作为视觉和空间的交汇点，拥有15台电梯，其中8台是全景电梯。玻璃的使用使得结构和设计清晰可见。“我总是试图结合不同的材料，”建筑师解释道，“建筑表面和屋顶都用了超亮分层玻璃，凸显了建筑的结构骨架，后者用了20 000 t钢铁。”

外部广场有一个大楼梯通向地下室，里面包括一个前厅、一个大厅、一组在视线上连接前后通道的主楼梯和一个最多能容纳6000人的会议厅。灵活性在这里扮演了重要角色：空间可以被移动墙进一步分割。

电梯、自动扶梯和楼梯组成的系统连接着上层。自然光通过玻璃墙倾泻进来。光和影随时间变化而变化，让建筑看起来十分轻盈且极具动感。从外面看，作为焦点的“云”具有丰富的雕塑感。“‘云’是这个项目的精神核心，”福克萨斯陈述道，“它被放置在规整的外壳中，自由的空间与规整的几何体形成强烈对比。”

建筑师解释说，很多年前，当他坐在往返欧美的飞机上，观察到外面云的形状时，就有了要设计一个形状不固定的形式的想法。为了实现这个梦想，

进入建筑的地下室后，你可以选择继续去到同层的会议厅或前往上层的“云”。

福克萨斯想要建造一朵建筑云的想法是在乘坐洲际航班时萌生的。

“云”由玻璃纤维膜和防火硅树脂包裹。

礼堂表面被樱桃木板包覆。

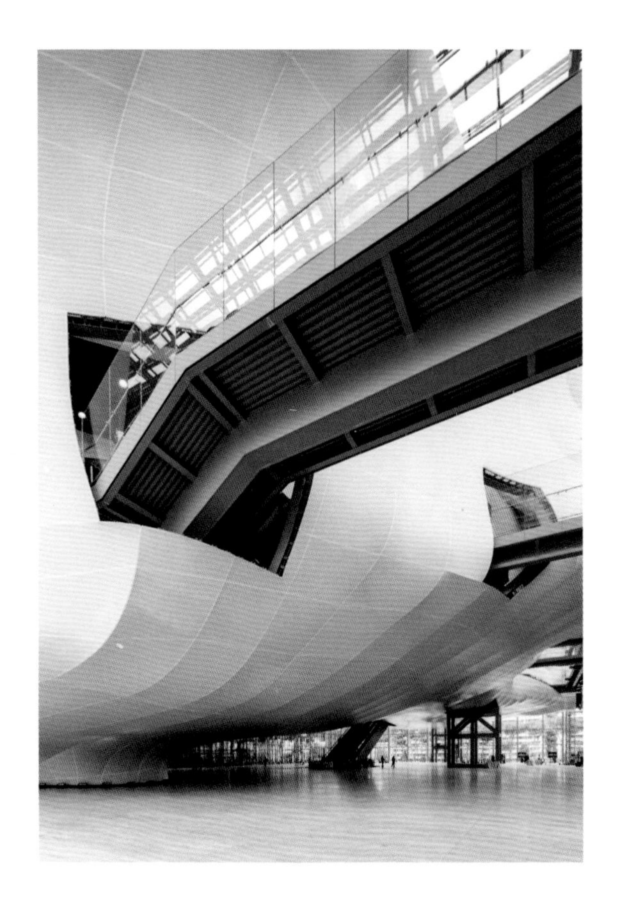

福克萨斯运用了很多技术手段。这座惊艳前卫建筑的结构是一个复杂的钢桁架正交结构网。外壳是15 000 m^{2}的半透明玻璃幕墙，使用了玻璃纤维和防火硅树脂。光和景映在外壳上，带来一种宗教的圣洁感。

“两边的钢梁支撑着‘云’，中间只有三根柱子承重，”设计师为他这件代表作感到自豪。“云”在外壳中像一个自由漂浮的生命体，周围连着空中走廊和电梯。它的内部是一个可容纳1800人的礼堂，还附带会议室和餐厅，可以不受下层空间的影响，独立举办活动。

将成熟的科技结合节能措施和抗震技术，为了减少用电，用于空调的冷热水经由可逆热泵，通过地热交换达到能量平衡。墙上和外壳的屋顶安装了光伏模块，通过自然发电，同时还能防止建筑物过热。此外还有两套预装的雨水循环利用系统。

“我希望这个地方能成为新的文化中心，不仅用于会展，也能举办非官方活动，例如艺术展或时装秀，它还有酒吧和餐馆，可对外开放，”福克萨斯说。事实上，时尚品牌Fendi（芬迪）最近将它的总部移到了附近的斗兽场广场（Square Collosseum）；意大利历史最悠久的路努尔（Luneur）游乐园，也在街角重新开业；距离更近的还有海洋生活（Sea Life），一个全新的水族馆。也许人们应该重新看待EUR的都市潜能。

支撑“云”的钢结构体同时也是走道。

0

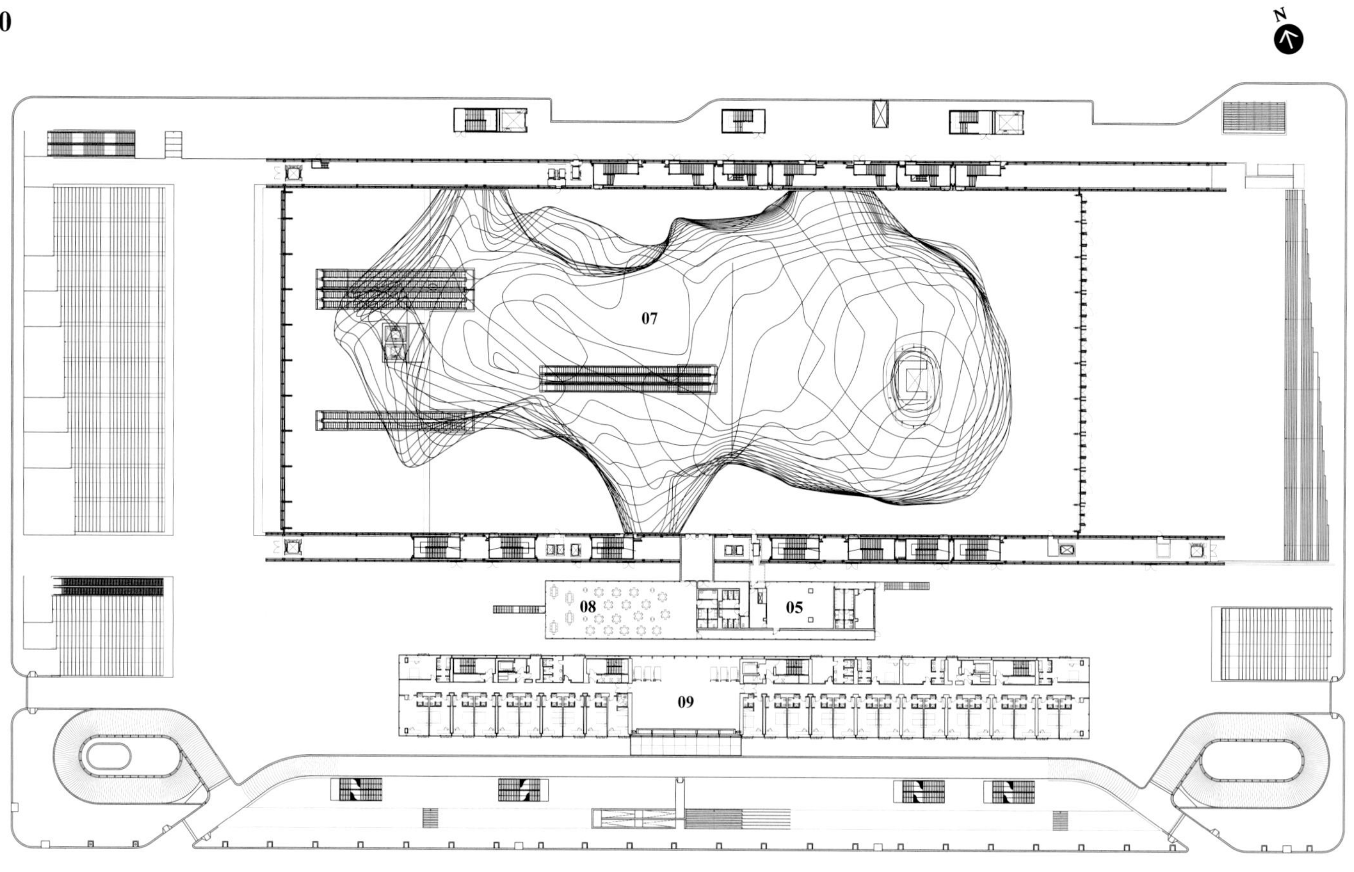

-1

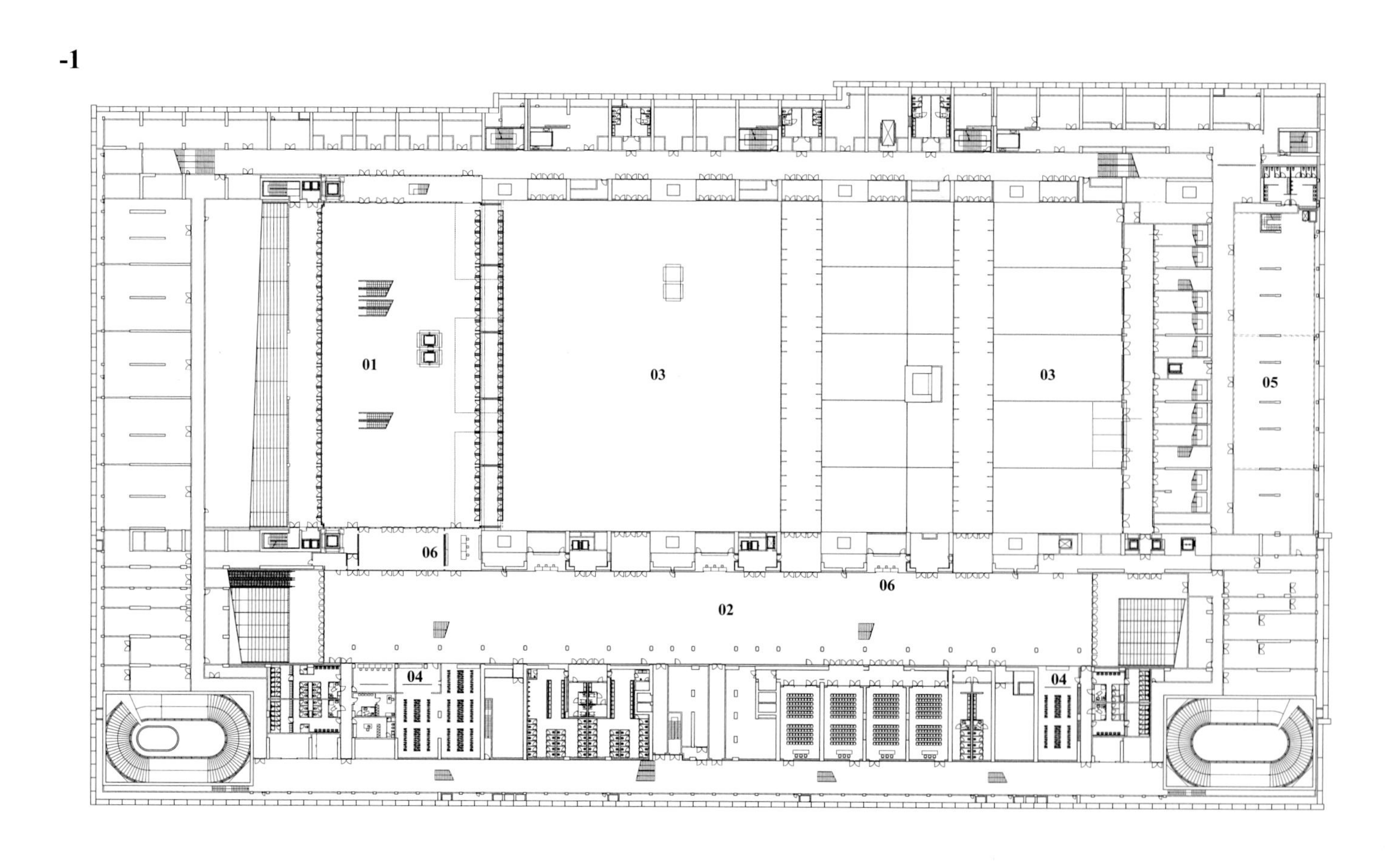

+3

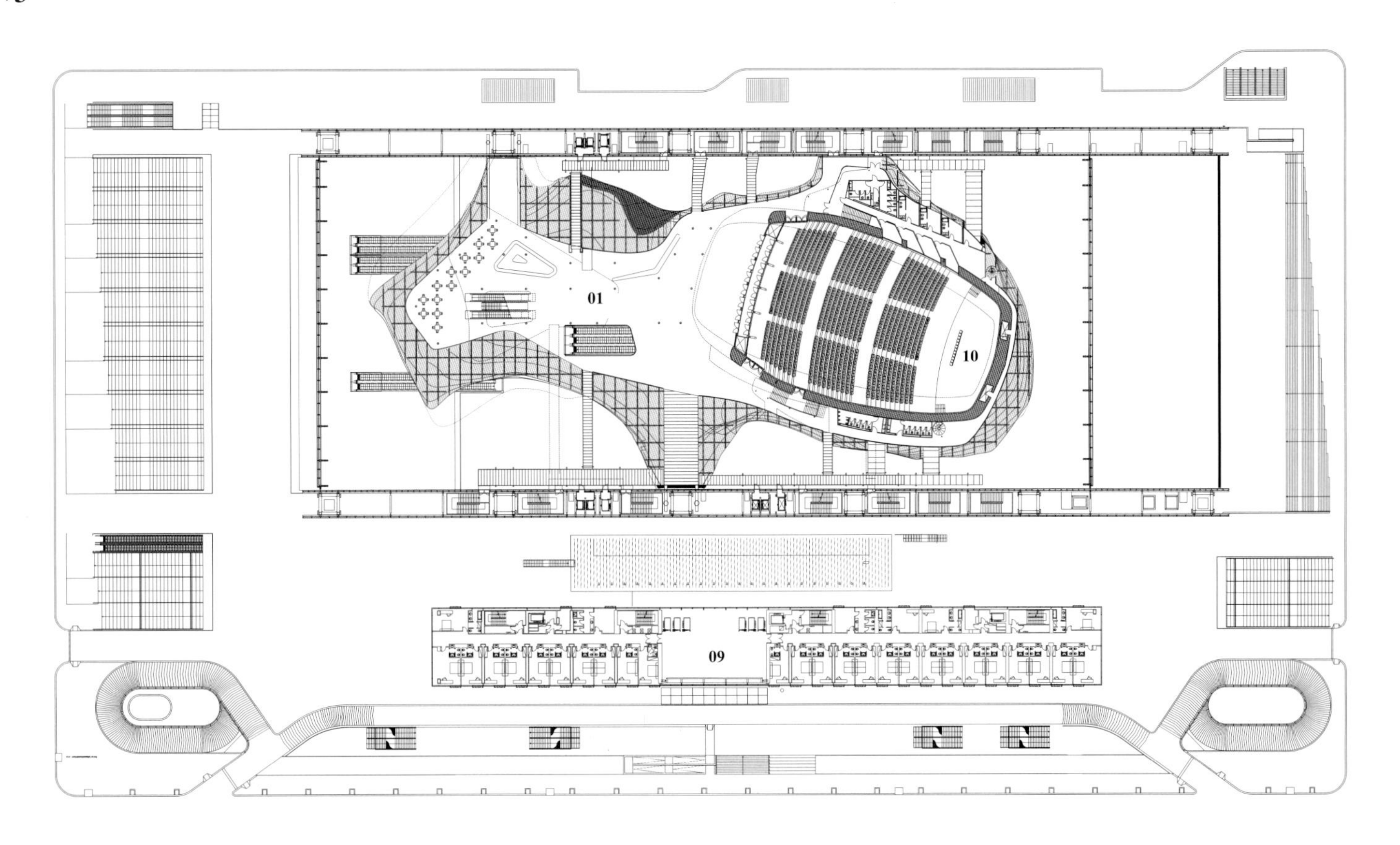

纵剖面

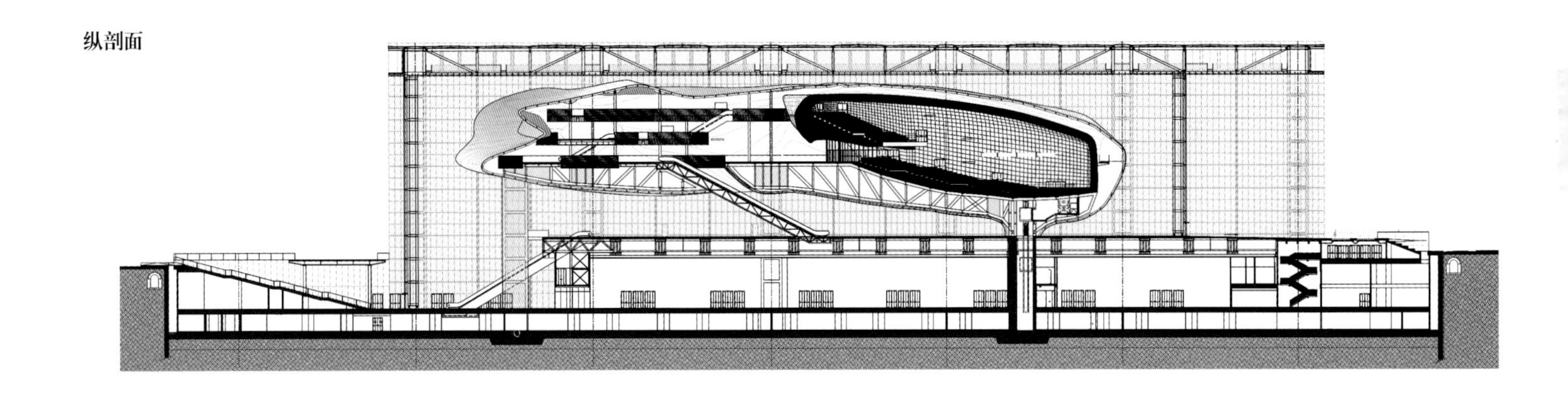

横剖面

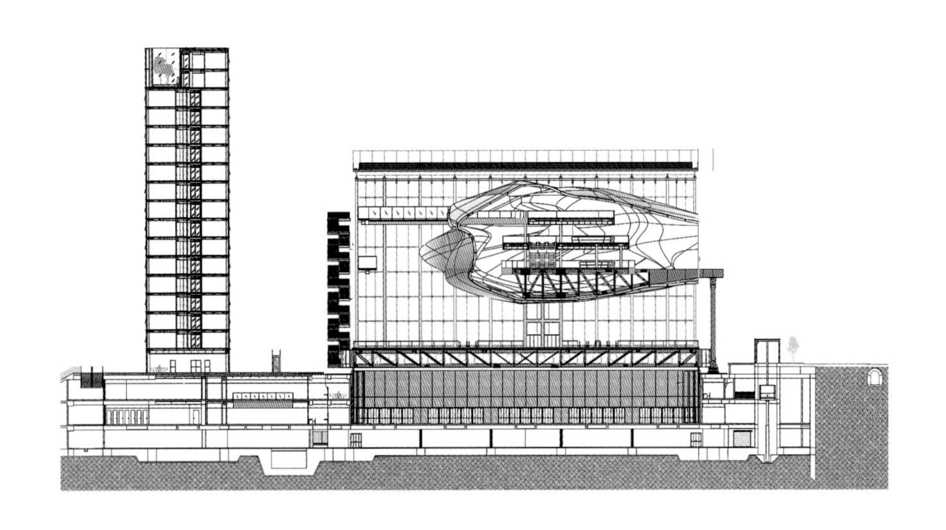

01 前厅
02 大厅
03 会展厅
04 行李寄存处
05 厨房
06 信息台
07 会议室
08 餐厅
09 酒店
10 礼堂

自然给我们很多恩赐

在设计建筑的时候，富士山建筑设计事务所（Mount Fuji Architects）的原田真宏和原田麻鱼的脑海里总是有树的影子。

文 / 凯瑟琳 • 努西科（Cathelijne Nuijsink）
图 / 塞吉尔 • 皮罗内（Sergio Pirrone）

我第一次见原田夫妇是在十年前，就在他们狭小的办公室里。现在他们已经搬到了东京中心的繁华地段，扩招了员工，还有了两个孩子。不过他们在第一次接受采访中提到的“忠于材质，结合结构和空间”的理念从未消失。同时，他们已经有了一个成熟的作品集，诉说着被他们称为“自然、科学的设计方式”。我们一边喝着原田真宏老家静冈县的绿茶，一边探讨着工作室最近的设计项目。

是什么使你们的设计区别于同时代的其他人？

原田真宏：我们的工作方式十分直接，不会有类似方法论或预定方式等先入为主的想法。建筑设计取决于很多变量。我们的很多同行倾向于采用减少变量数或主要关注某几个变量的方法，这往往会导致最终的建筑不贴合实际。长期以来，这种工作方式在日本占据主导地位。而我们选择了一种不同的方式。

你会怎么形容你们的工作方式呢？

我们一直致力于一种直接凸显结构的科学工作方式。安东尼•高迪（Antoni Gaudi）和卡尔洛•斯卡帕（Carlo Scarpa）这两个人的风格各异，却都能作为这种工作方式的典型例子。像意大利手提包工匠一样，斯卡帕在 1 ∶ 1 的比例上进行建筑形式和材质的设计。另一方面，高迪的设计则是从自然科学的角度对自然进行重新阐述。他以构建和几何作为设计的逻辑基础，在这个基础上模拟自然。

让我们来对比一下你们最近做的三个项目。你们是如何着手设计知立课外学校（Chiryu Afterschool）这个项目的？

这个项目来自富士机械（Fuji Machine）举办的一个非公开竞赛。富士机械是一家专门从事机器人制造的大型企业。甲方的目的是让孩子能够在课余时间学习自然科学。所有科目都采用英语授课，老师是英语母语者，所以这家学校同时也是一所语言学校。公司希望能够帮助孩子有朝一日成为伟大的科学家。而学校的餐厅和烹饪教室也对孩子家长有很大的吸引力。

屋顶的形状让我想到了日本传统建筑。这与现代机器人公司有什么联系吗？

设计基于两个概念，一个是历史性。场地位于东海道，这条著名的干道位于江户（东京前身）和京都之间，有很多古老的寺庙和神社。我们以寺庙为原型，采用了相似的屋顶形式和空间构成。人们可以发现这个设计由正门（日语：山門 / 三門）、供孩子游戏的场地（日语：境内）和主体建筑（日语：本堂）组成。

译注：山門、境内和本堂为日本传统寺庙的三个组成部分。山門指寺院的正门，境内指进入正门后的一片空地，本堂指寺庙建筑本体。

那么第二个概念是与科技有关吗？

是的。我们将自然科学的基本规则应用在建造上。悬垂形状的屋顶坐落在两个结构框架上，屋顶结构中只有拉力，不具有弯曲力和压力。它与德国工程师弗雷•奥托（Frei Otto）设计的钢结构相似，不同的是它是木材建造的。我们使用了 1.5 m 长的欧洲红松木块，并用钢铁拉杆将它们连接起来。最终完成的结构看起来像布料一样柔软，但拉力赋予了它足够的强度。室内本身是一个整体空间，却因为屋顶的起伏被微妙分隔。

这种对技术的运用又是怎么在立山（Tateyama）的项目里得到体现的呢？

房子的主人拥有日本最大的木材接合系统公司。我们为这个项目的所有连接部做了特别设计。长久以来，人们都将木结构理解为一个框架，但是现代建造技术让我们能够用混凝土建筑的思维来看待它。将它看作一个结构面，而不是单纯的线，使得我们创造出了一种新型木结构建筑。我们将一个 2.2 m 高的木结构放在一组分散的混凝土墙上，结果就得到了上下两种独立结构。

你们事业起步时做的都是低预算住房，但是现在似乎转向了另一个方向？

不，事实上这个项目的预算非常低，房子甚至没有饰面。我们通过缩短工期、减少雇工，节省出了更多的资金，以确保购买高质量的材料。

不过甲方让你们能够创造一个惊人的建筑概念。

没错。屋主是一个有坚持的人。他希望这个房子能成为其公司的象征，同时为木结构带来新的可能性。他和我们的目标是一致的，这很难得。

原田真宏（Masahiro Harada）
图 / 富士山建筑设计事务所（Mount Fuji Architects Studio）

对他来说这个房子作为私宅空间又如何呢？

我希望这个房子拥有两种不同的“性格”。下层空间是开放的，与周围环境相连。上层空间则是封闭的，是家庭成员的私人空间。我们通过双层结构系统实现了这一目标。

“裸露”的材料和结构系统是你们作品的特征。在之前的采访中你们说过“作为设计师要倾听材料的声音”。你们现在还这么认为吗？

如果要我用一两个词来总结这个房子的特点的话，会是“真实的存在”或“永恒”。以前的日本木屋，所有的墙都是虚空的，但这个房子的墙十分坚实，向外散发着温暖的气息，宣示着永恒的存在。因为它位于日本的寒冷区域，这里的积雪最多时可以达到 2 m 多高，所以这些是很重要的。

在伞之家（House Kasa）中，传统技艺和现代技术似乎也得到了很好地结合。

建筑的屋顶由一根放置在中心的柱子支撑，就像一把伞一样。一般来说，木屋会由外墙来支撑其他结构，但是这个房子的外墙不用支撑任何东西，这使得房子周围不受结构要求束缚。所有竖直力几乎都落在那根柱子上。

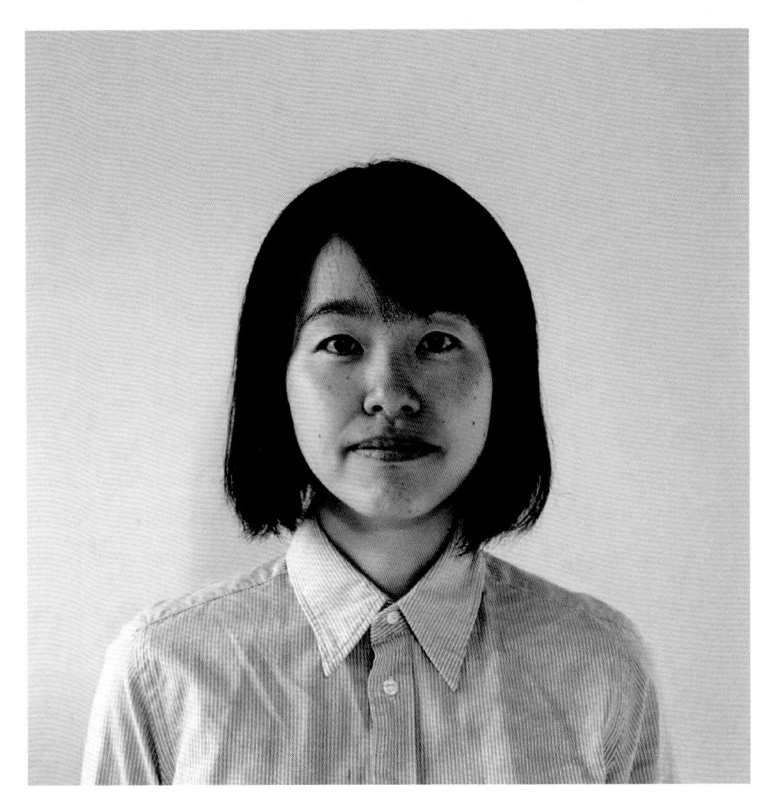

原田麻鱼（Mao Harada）
图 / 富士山建筑设计事务所（Mount Fuji Architects Studio）

这个屋顶也让我想到了日本传统建筑。

中心柱加方形屋顶确实是一种经典的日式传统屋顶形式，但是我们做了一些改良。我们旋转了方形，延长了其中一边，并将另一边向树林方向做了拉伸。还把屋顶的中心移到了东边，导致屋顶西面坡度比较平缓，让居住者能够坐在屋顶上。

“父母对建筑师来说是最难应付的甲方”

我认得房子隔壁的那个陶艺工作室，它也是你们的设计。

没错。伞之家其实是我父母的房子，它就建在我们第一个设计项目旁边。建造这个房子花了 11 年时间！

为什么花了这么长时间？

首先，我们遇到了对建筑师来说最难应付的甲方：我的父母。在他们眼里，我是他们的儿子，而不是一个专业的建筑师。其次，我总是没法理解他们的需求。我准备了至少 10 个不同的方案，但我母亲把它们一一否决了。我很希望为他们设计出最好的住宅，最初的设计类似一个菱形。但是我母亲觉得这个形式冷冰冰的。经过很多次尝试后，她才告诉我，她想要一个不那么死板的设计。我父亲倒是很喜欢类菱形的设计，因为他是个船舶设计师，喜欢理性和整齐划一的东西。最终我给了他们一个自由却不失秩序的方案。这也可以算是结合了我母亲和父亲的喜好。

你们是怎么实现这种自由性的？

伞形的类比不止应用在结构上，也体现在空间上。我是在这个房子附近长大的，所以和邻居都很熟。高中的时候，每次我放学回家，家里总有客人在，像个沙龙一样！我希望新的房子也能呈现一种欢迎的姿态，就像一首歌里唱的那样，让每个人都“相聚到繁茂的栗子树下”。树木能给人们带来美好的生活，当它们长成伞一样的形状时，能够保护人们免受风雨侵袭。这个房子的屋顶既像一把伞，也像一棵大树。

你们似乎受到自然界的很多影响。

是的，我们参考了约翰•沃尔夫冈•冯•歌德（Johann Wolfgang von Goethe）关于生态和整体性的理念，将自然教授给我们的东西作为设计原则。自然给了我们很多恩赐。我们坚信只有正确的结构、合理的质量分配、通风和采光才能造就一个健康的空间。

结构设计造就了轻薄的屋檐。

知立课外学校，2016

日本爱知县知立市

屋顶的形状让人想起日本传统建筑。

学校建于知立城旧址上。入口在古老的东海道街上。建筑物紧贴场地的西南边，留出了一大片空地，供室外活动用。一棵大樟树成了这个地方的焦点。钢结构支撑着由互锁的木块组成的悬垂屋顶。项目的结构工程师是佐藤淳。

二楼有一个烹饪教室，从这里能看到楼下的孩子。

屋顶像帐篷一样盖在一个硕大的开放空间上。

巨大的钢架支撑着屋顶。

详图

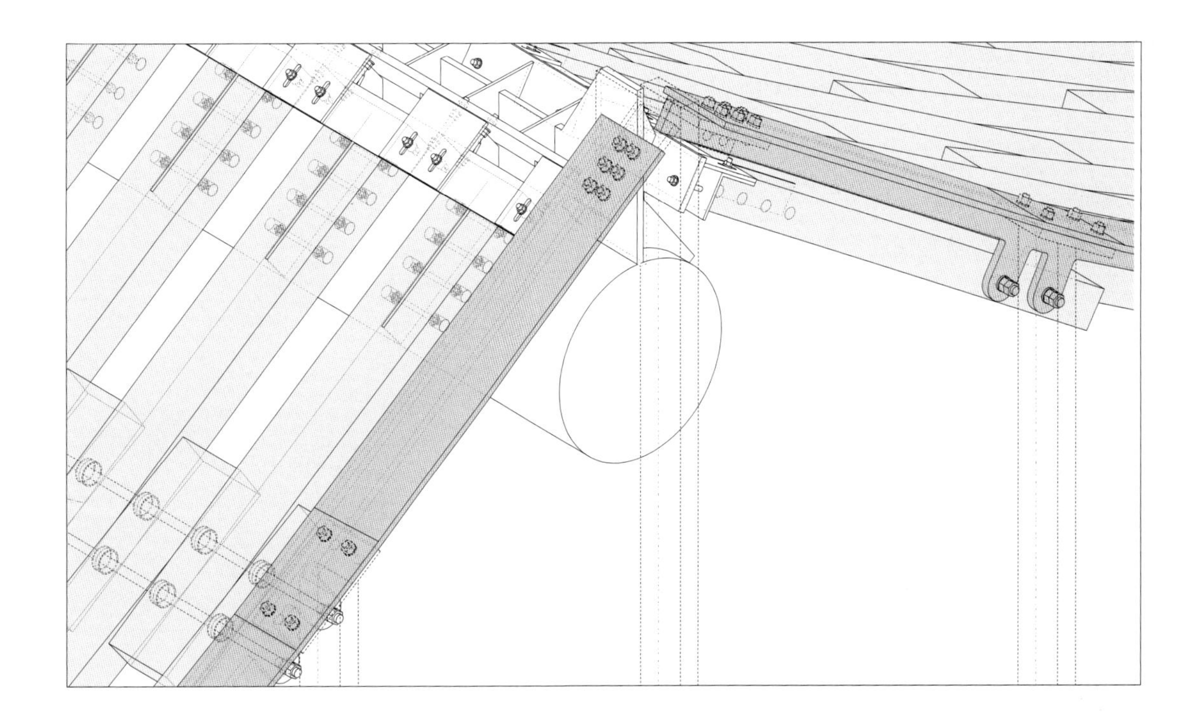

纵剖面

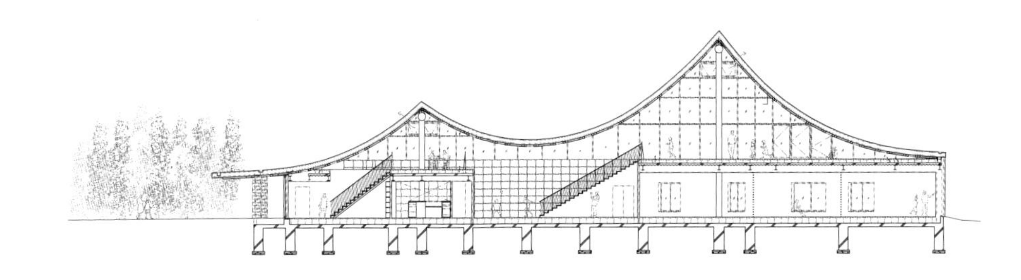

+1

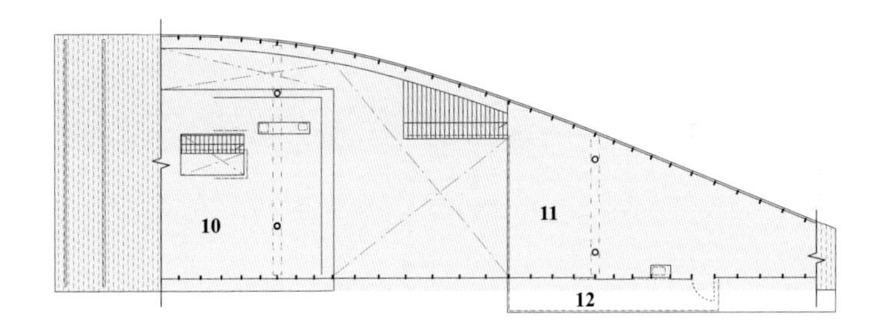

0

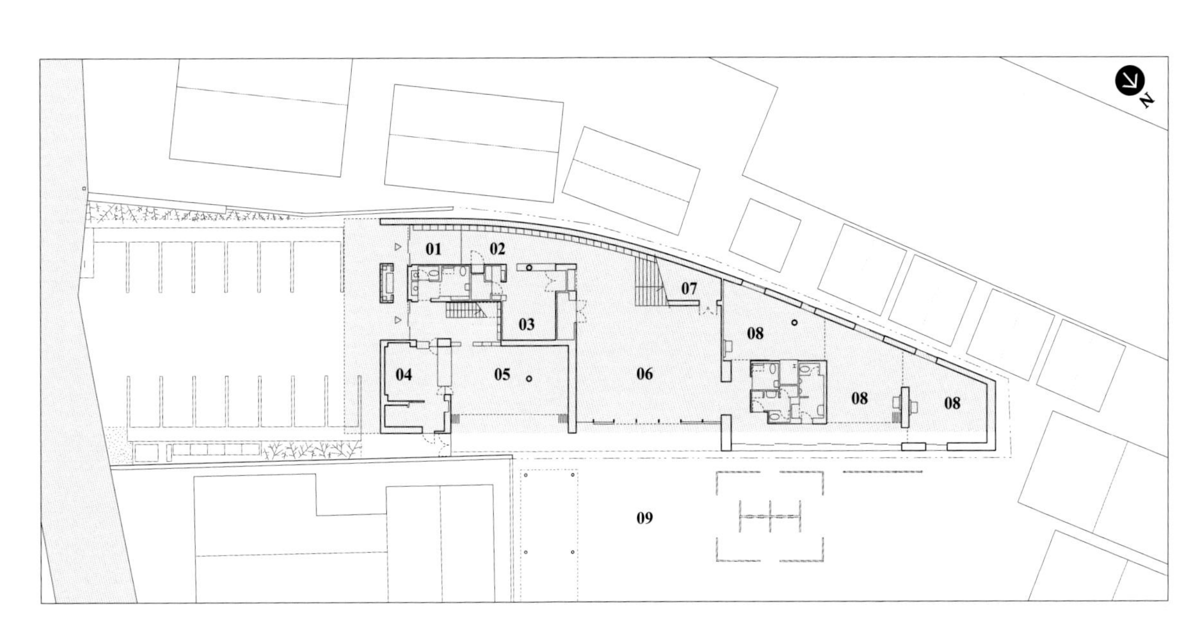

01 入口
02 门厅
03 员工室
04 厨房
05 餐厅
06 大厅
07 储藏室
08 教室
09 操场
10 烹饪教室
11 中间层
12 阳台

详图

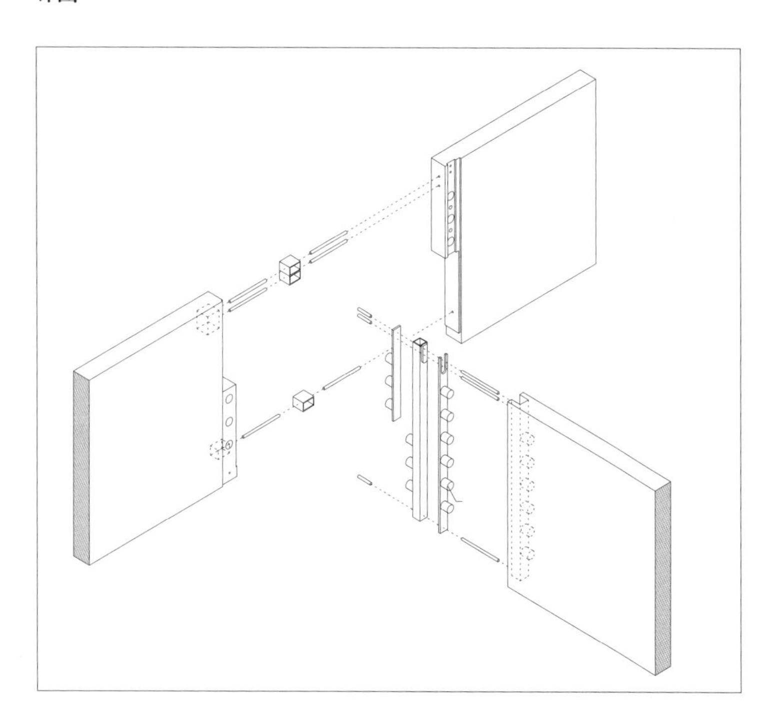

立山住宅，2016

日本富山县滑川市

这座 193 m^2 住宅的主人拥有一家专业从事木材接合系统的公司。平面的灵感来自密斯•凡•德•罗(Mies van der Rohe),独立的混凝土墙伸出屋顶。屋顶本身也很独特：是一个独立、规整、直交的木结构，落在建筑的下半部分上。项目的结构工程师是浦池健。

轴测图

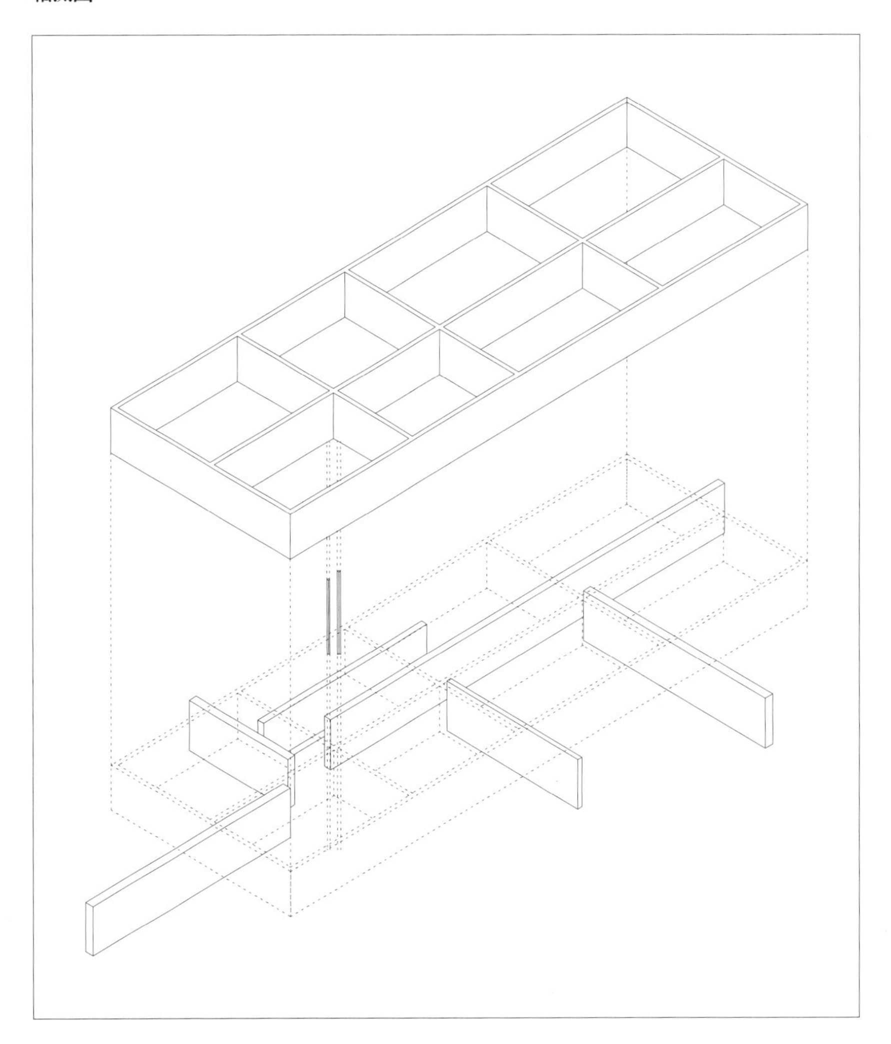

花园立面几乎都是玻璃。

经由一片鹅卵石进入建筑。

“甲方和我们的目标是完全一致的，这很难得”

在木结构部分内部，大窗分隔了房间。

出于结构需求的一对钢柱。

厨房的梯子通向二楼书房。

01 入口
02 大厅
03 办公室
04 客厅
05 餐厅
06 厨房
07 卧室
08 浴室
09 停车位
10 书房
11 图书馆
12 储藏室
13 机房

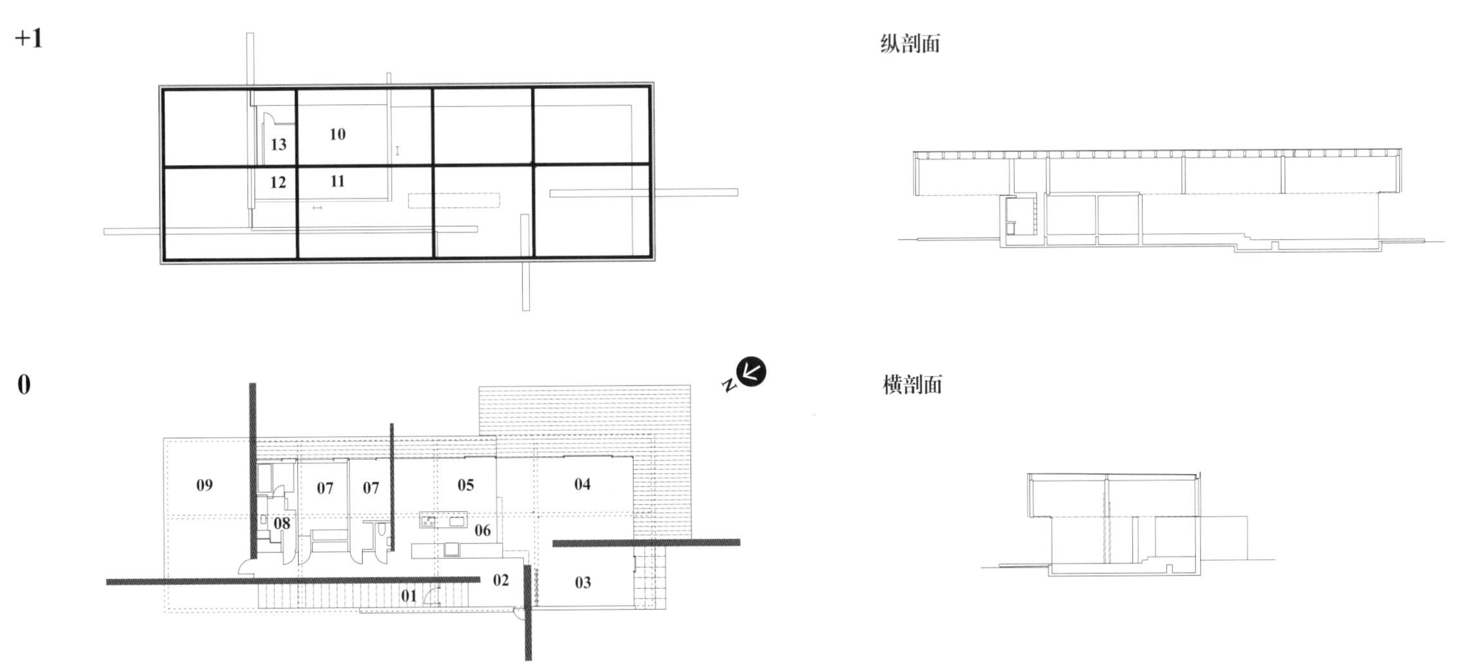
+1
10
13
12
11
0
09
07
07
05
04
08
06
02
03
01
纵剖面
横剖面

房子位于一条小路尽头的角落。

伞之家，2016

日本静冈县烧津市

这座面积231 m^2的住宅（包括屋顶下的空间）属于原田真宏的父母。项目结构工程师是佐藤淳。原田的第一个项目就在花园里：是他2003年为父母设计的一个陶艺工作室。窑炉把两座建筑隔开。这个美丽的小花园植有很多精心修剪过的树。

一根木柱支起整个屋顶。

立面有一个倾角，与不规则的场地相呼应。

巨大的移窗提供了欣赏花
园的宽阔视野。

横剖面

纵剖面

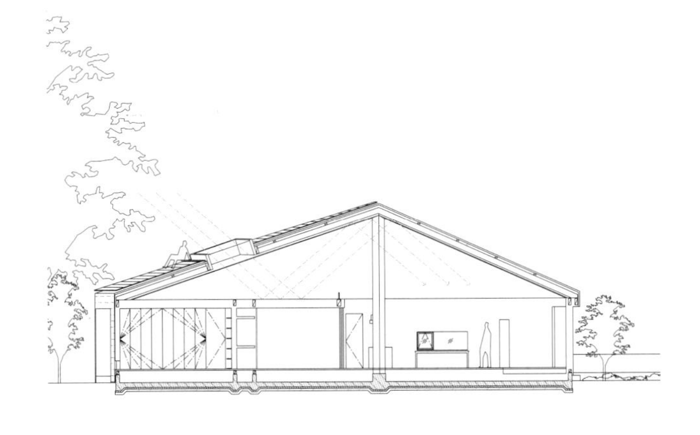

+1

01 入口
02 客厅
03 厨房
04 浴室
05 卫生间
06 和室
07 中间层
08 窑炉
09 陶艺工作室

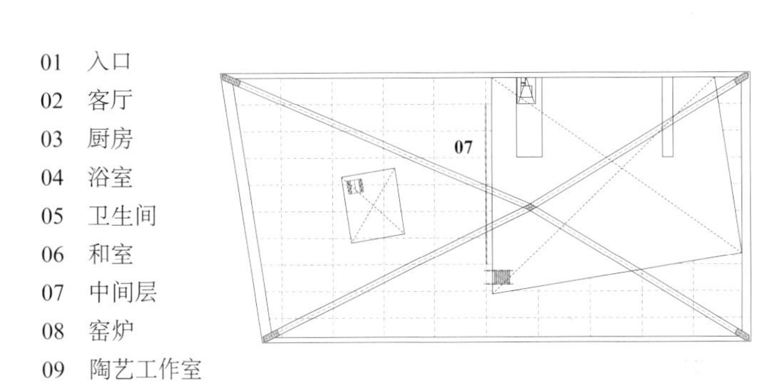

0

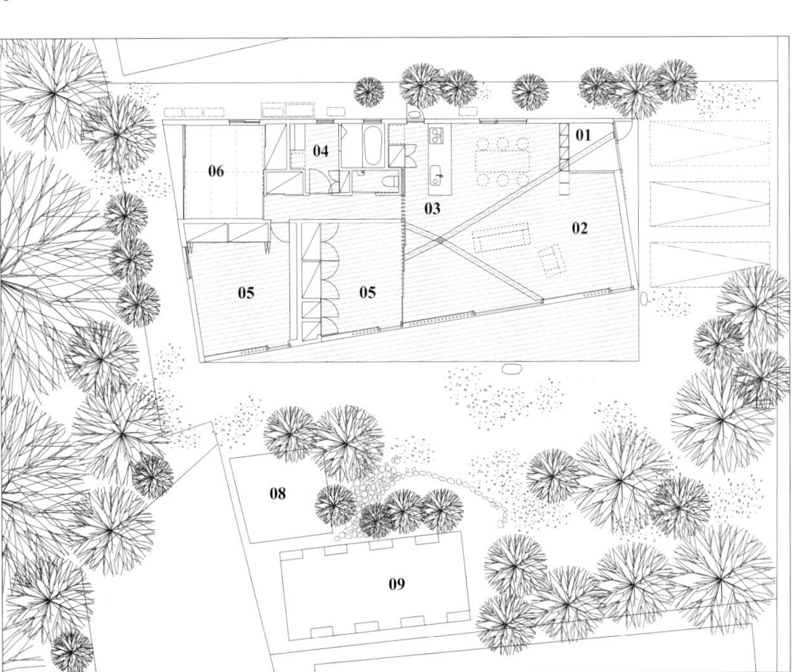

国际竹建筑双年展作品：竹之魂

在中国宝溪举办的“国际竹建筑双年展·中国龙泉”，既是一次建筑展览，同时又创造了一个社区。

文 / 乔安娜·拉莎诺娃（Joana Lazarova）
图 / 朱利恩·拉诺（Julien Lanoo）

2013 年，11 名以可持续建筑风格闻名的国际建筑师获邀在宝溪村设计和建造一个文化栖居地。该村位于龙泉市附近，距上海约 500 km。这个新的文化中心被巧妙隐藏在中国浙江省山区中，开始初现雏形。此处有住宿设施、一家当代陶瓷博物馆、一个竹产品设计与研发中心，也有研讨区域、青年旅社、竹桥和瓷土制作体验坊。

龙泉周边地区因生产陶瓷闻名。“选择此处，是因为它的历史精神，”组织者和联合策展人葛千涛解释说，“宝溪是一个小村庄，但它较为有序，并保存了其地方文化和精神。像传统陶瓷技术、竹子生产和工艺等这些地方特色

担任“国际竹建筑双年展·中国龙泉”主要负责人和联合策展人的葛千涛设计的竹桥将宝溪村与新文化中心相连。

是项目可持续发展的关键。早在2009年，我们就萌生了举办国际双年展的想法，而双年展的核心材料则选择了竹子。

作为一次小型的、实验性的建筑尝试，以“双年展”的名义汇聚在此的场馆往往以概念形式诠释了建筑。

葛千涛决定改变做法。“我们创造了一个公共社区空间，人们可以在此工作、学习与开展艺术试验。”他说，“建造的建筑意在永久存在。建造过程中，我们想雇用当地人，营造一个具有竹子文化神韵的社区，表现人与自然、建筑和环境的互动。”

美国建筑师、东京国士馆大学教授国广乔治与葛千涛共同作为双年展联合策展人。“我们受到日本东京大学城市设计专业的西村幸夫教授想法的影响，他写过很多关于城市重建的书和文章。”国广乔治说道。“葛想在微观场景应用这些知识——强化此地的历史建筑风格，同时以建筑展览形式将竹子升级为一种产业。潜在想法是重塑当地社区。意在创造就业岗位，打造关注点，驾驭当地社区的能量，使它对年轻一代和游客来说更具有吸引力。”

“我们要把可持续材料重新引入建筑”

国广乔治继续说：“10多年来，在一些内陆地区，也是远离大城市的地方，创造了很多新的机会，来平衡人口中心。很有必要审视哪些是可以使用和可能的，地方产业怎样才能不局限于地方农业。这次双年展为我们在这些方面的探寻提供了一个范例。”

借助对材料所做的试验和就低科技建筑形式上的可能性等进行的交流，建筑师打造出这件作品。德国建筑师安娜•赫利格尔（Anna Heringer）设计了一家由三座建筑组成的青年旅馆。赫利格尔说：“将竹子重新作为建筑材料是一个伟大的倡议，展现了本地材料的潜力是如何反映现代社会的。现在有一种趋

安娜•赫利格尔青年旅馆所在的三座建筑，其核心是用夯土建造的，外面是竹结构。

势，就是扩大建筑的生态足迹，不仅中国是这样，全球都是如此，但是用钢筋与混凝土建造所有的新居的方法需要逐步改进。我们需要在建筑领域重新引入可持续材料。”

我们的世界越来越关注自然资源的稀缺性，人们也逐渐理解在建筑中应用可持续材料、就地取材和利用当地工艺的可能性，这样不仅改善了环境，也提高了生活质量。赫利格尔说道："如果我们提升了使用本地材料与工艺的作用，社会结构将发生改变。人们会对自己的家园更有认同感，也会更在意身边的环境。在使用竹子或夯土的建筑过程中，人与材料会有更强的物质联系，因此我们会对建成的环境有更强烈的拥有感。”

赫利格尔设计的俯瞰河流的三幢建筑受到了当地历史的影响。每一座建筑都有一个特色的中央核心；中央核心由石头与夯土建造而成，又被工艺精湛的竹质网状结构环绕。建筑与风景的界限不再那么清晰了。如同勾勒一个瓷器花瓶的轮廓一样，竹网盘旋在核心的上方，并为内部提供了自由流动的空气。睡眠区被分隔成如同蚕茧的舱室，它们位置灵活并与坚固的核心相连。

客房由核心上悬挂的胶囊舱组成。

隈研吾的青瓷博物馆通过将方木像砌筑块一样堆叠建造而成。

“与当地工匠的合作激活了社区”

赫利格尔补充说，“我的设计试图创造一座诉诸感性的、有情感的建筑。”

我们本可以设计简单得多的建筑，但是当周围的植物如此丰富时，人们可以遵循它的本性。自然的本性不是限制。

国际竹建筑双年展的本质是拥抱一种通用而又现代的建筑方法，而又不失去环境本身的神奇造化。运用材料本身的特性可以让风景与建筑融合，从而创造出新的、更柔和的城市状况。尽管这些方法前景光明，但是也有一定的挑战性。博物馆的构成方式似乎要颠覆传统结构，方木以模块化的方式层层堆叠，创造

光线透过墙壁射入展览空间。

了一个紧密结合的有机体，而且光线又能透入其中。“这是一座没有常规的柱子或横梁的建筑。我们采用了一种简单的建筑方式，把方木像石头一样堆叠，”隈研吾解释道，“对我们来说，在建设过程中与当地的工匠合作推动了整个设计过程。这种方法反映了特别的关联性，因为它激活了社区，营造了一种民主的建筑体系。如果我们能把现代技术与生态材料相结合，我们就能向可持续发展迈进一步。”

bamboocommune.com

国际竹建筑双年展中包含了若干特色建筑项目，涉及的设计师有：葛千涛、国广乔治、李晓东、西蒙·韦莱斯、安娜·赫利格尔、隈研吾、前田圭介、马儒骁·卡德纳斯、全淑姬和张永澈（韩国 WISE 建筑事务所）、马杜拉·普雷玛蒂莱科、武重义与杨旭。

母亲的房产

莉莉 • 詹克斯（Lily Jencks）与纳撒内尔 • 多伦特（NathanaelDorent）
合作在她苏格兰乡村地产一角建造了自己的隐居住所。

文和图 / 塞吉尔 • 皮罗内（Sergio Pirrone）

在莉莉·詹克斯和纳撒内尔·多伦特设计这个项目之前，废墟工作室（Ruins Studio）的故事已经开始了很多年。作为建筑设计师和作家，莉莉是查尔斯·詹克斯（Charles Jencks）和玛吉·凯瑟克·詹克斯（Maggie Keswick Jencks）的女儿。詹克斯是著名的理论家、景观设计师和建筑史学家。玛吉和查尔斯共同创立了玛吉中心：设在英国和中国香港，帮助人们抗击癌症。建筑师如雷姆·库哈斯、弗兰克·盖里和扎哈·哈迪德，参与设计了其中的几个，他们秉持詹克斯家族一直践行的坚定信念：建筑是能够振奋人心的。

玛吉于 1995 年死于癌症，当时莉莉 15 岁。她最终从她妈妈名下继承了废墟工作室所在的场地。它位于苏格兰的一个偏远地区，就在邓弗里斯乡村，格拉斯哥以南约两小时车程处，距宇宙思考花园（Garden of Cosmic Speculation）十分钟车程。宇宙思考花园就在她老家房子附近，是她父亲查尔斯设计的非凡风景作品。废墟工作室是一个隐居小屋，远离一切，建造在老农舍的石头遗址内。原来的建筑建于 18 世纪，后经过几次改造。它的废墟见证了不同的时间层。在丘陵农田上能看到美丽的风景，顺着两个山谷向北延伸 80 km。散布着数百头咀嚼着反刍食物的母牛，绿色的景致被常见的干砌石墙勾勒出了轮廓，这些干砌石墙是不同房产的界线并在地面上绘制出图案。

“我们想在设计中加入一系列不同材料和几何形状来突出历史的不同时间层，”莉莉说，“通过强调时间的叙事，我们创造的层也反映了不同的建筑表达：自然侵蚀的不规则石墙，典型极简抽象的倾斜屋顶和不规则双曲面。”

第一层由现有的废墟墙体现，建筑师保留了一些小的干预结构以防止石头掉落。第二层是黑色斜顶的防水三元乙丙橡胶包覆的外层，建造在废墟内。第三层即内层是曲线组成的内部“管”壁系统，是由回收利用的绝缘聚苯乙烯块制作而成，就在网格状的木结构后面，并用玻璃纤维覆盖。“这三层并不是作为单独的部分来设计的。相反，随着它们的关系在建筑不同部位的发展，它们

房子建造在一处老农舍的现存石头废墟上。

在现有石墙内侧是带有斜顶的三元乙丙橡胶包裹的外层。

内部柔和的白色曲面与亚光黑色橡胶外墙形成对比。

“建筑能够振奋人心”

获得了意义。它们分开、聚合在一起和相互交织，创造出建筑独一无二的特性，揭示出时间和空间的同步可辨识性，”共同设计师纳撒内尔•多伦特说。

二人是在2008年纽约的一个会议期间认识的，当时两位都是刚刚毕业的年轻建筑师。不久后莉莉请纳撒内尔帮助她实现她在苏格兰建造工作室的想法。2009年，她向他展示了这个场地。尽管废墟的条件很差，地方法规要求有“翻新项目”。于是两位建筑师开始研究这座建筑物曾经的功能：它以前是什么样子的和它是由什么建造的等等。就是在这个时候分层的想法被提出来了。

废墟工作室有一个由钢和木头制成的混合结构。本地公司在场地直接制作了斜顶的框架结构、板、梁和木制品，而内管主要是在伦敦建造，然后运送到建筑工地。建筑师使用3D打印来研究不同的技术和材料，并最终决定使用数控铣床铣削的结构木材。“我们与Manja van de Worp of Nous工程公司合作，他们测试了许多构图和确定管参数的方式，也尝试了许多可能使用的表面。我们做了很多试验，也做了一个全尺寸的原型，”两个建筑师热情地说道。“挑战在于考虑如何建造管子，如何让它与外部建立联系的同时，又与房子规划对

书架、沙发和座位是通过“拉伸”结构网穿过玻璃钢墙来实现的。

在房子中间，一面废墟侧墙穿过橡胶墙体进入室内，成为纵轴框架。

在新家中的莉莉·詹克斯

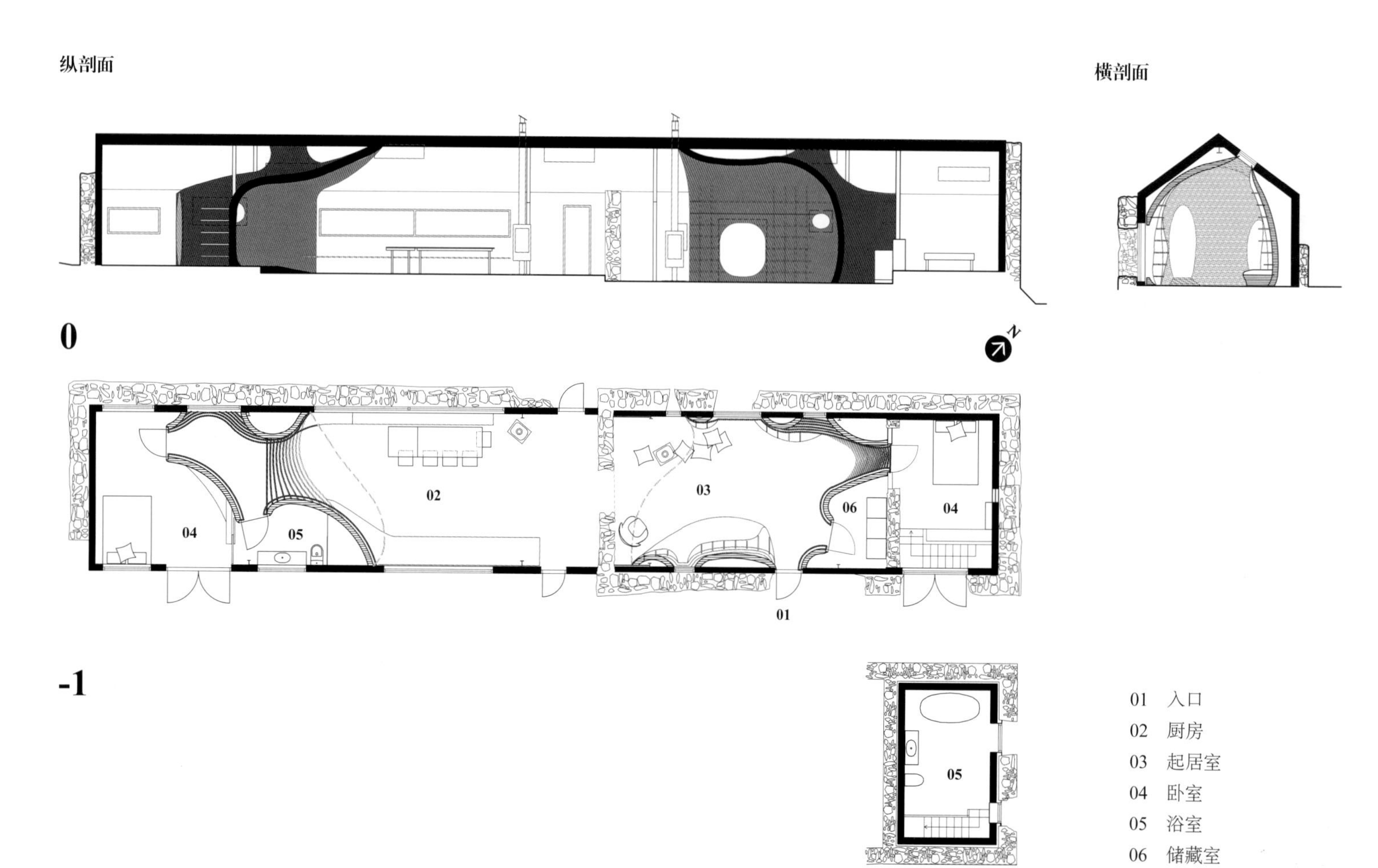

在房子的两端，“管子”与外层分离，
形成传统的房间。

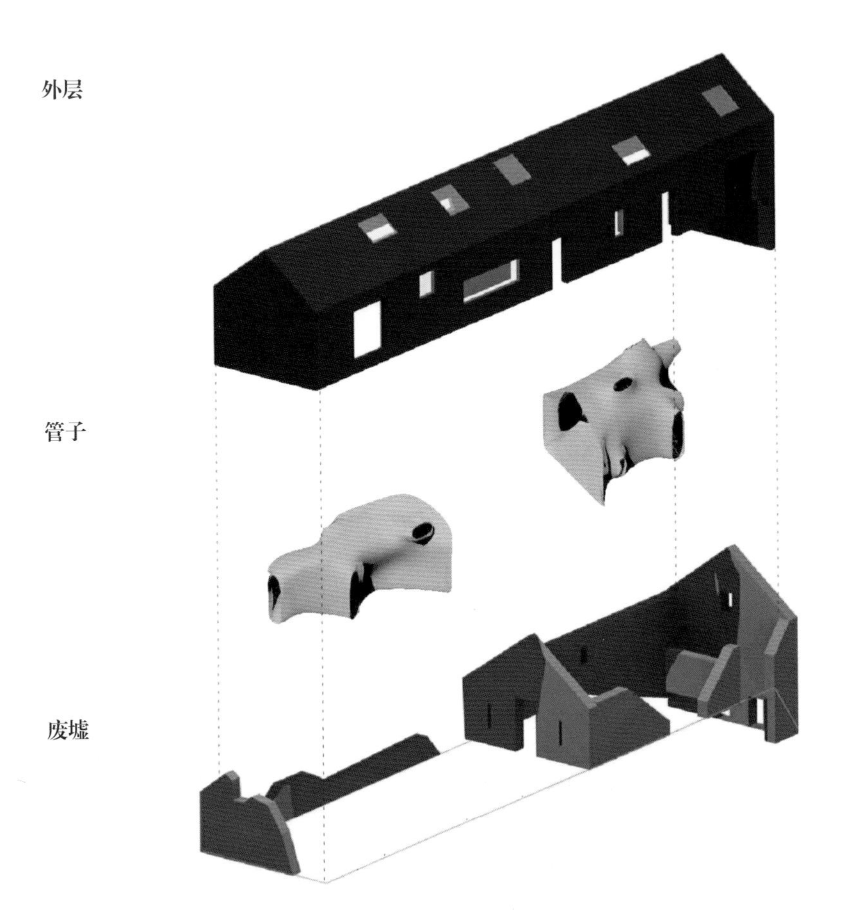

应。项目原先设想用弯曲的管纵向跨过整个房子，但随后，因为预算原因，我们决定把它隔开，并在中间留下更合理的部分，分离公共和私人功能，”纳撒内尔耸耸肩说。透过天窗的照明增加了内部的复杂性，房子内部经历了连续性和不连续性之间的匹配，一致性和差异性的对比。站在厨房长长的窗前，莉莉一直看着北边的山脉。“矗立的古老石墙和自然形成的地形在花园里延伸，坡度平缓的地形将遥远的风景向房子拉近”。对我们大多数人来说，青年是一个迈向成年的缓坡，对其他人来说，它是一段坑坑洼洼的颠簸路程。尽管莉莉在年轻时失去母亲，但这使她比大多数人成长得都快，废墟工作室显示她没有失去她的兴趣。她也没有失去给人制造惊喜的能力。接近这座建筑，你想知道它是一个房子还是一个小农场。在跨过门槛之后，你对这个感觉像母亲的子宫的空间——那个我们所有人度过我们生命美好时光的地方——感到不知所措。

lilyjencksstudio.com

Nathanaeldorent.com

悉尼最好的房子

斯玛特设计工作室（Smart Design Studio）把悉尼一个艺术爱好者的房子变成了艺术作品。

文 / 彭妮 • 克拉斯韦尔（Penny Craswell）
图 / 戴维 • 罗奇（David Roche）

2015 年拍摄的航空照片，展示了图片底部正在建造的白色盒子状的房子。在拍照时，奇彭代尔绿色公园周围的其他一些建筑物也还未完工。其渲染效果是用 Photoshop 软件加到图片中的。

三层门廊将游客引导至入口。

将混凝土正立面想象成一件巨大的垂直雕塑。
图 / Sharrin Ree

在地块的后部，面对后车道，是一幢容纳车库和客房的稍小建筑。

在悉尼奇彭代尔内城郊区，这幢由斯玛特设计工作室设计的新房子，将艺术和建筑完美融合。靛蓝满贯（Indigo Slam）是斯玛特为朱迪思•尼尔森（Judith Nielson）设计的第二座建筑。朱迪思•尼尔森是一位艺术收藏家，也是画廊主人和澳大利亚最富有的女人之一。首先，位于隔壁的是白兔画廊，一个展示尼尔森自己私人收藏的中国当代艺术作品的私人画廊。延续创造艺术建筑的主题，房子是尼尔森的一处私人住所，一个展示她更多个人收藏的地方，也是举办艺术和慈善活动的功能空间。最初的设计要求很简单——尼尔森早就决定房子应该是“悉尼最好的房子”，之后又决定必须是“澳大利亚最好的房子”，最后是“世界上最好的房子”。其次，房子被命名为靛蓝满贯，取自一部犯罪小说的标题。尼尔森还没有读过这本书，并且也不打算读。“我感觉这名字是关于她想要独立，建造她想要的东西。这是一个伟大的名字，”威廉•怀特说。设计要求还有其他元素，包括要有一张供 60 人就餐的餐桌，不要窗帘和不要自动控制系统—— 一切都必须手动操作等不寻常规定。建筑物也必须能使用 100 年。除此之外，房子的场地和设计在斯玛特开始工作的时候是很开放的。

为了提炼出设计要求，斯玛特开始给尼尔森展示一些他最喜欢的建筑师的作品以激发灵感。尼尔森喜欢约翰•波森（John Pawson）的内饰，但是也被阿尔瓦罗•西扎（Alvaro Siza）的建筑吸引。作为回应，斯玛特设计了一所令人难以置信的房子 —— 一个本身几乎是一件艺术品的房子。正立面，由混凝土原地浇筑并由钢竖框支撑，它可以被想象为一个大型的垂直雕塑，灵感源自爱德华多•奇立达（Eduardo Chillida）的作品，但也没有失去它作为一座建筑的功能性。

“房子的主要装饰元素是光线，”建筑师说。

“巨大的楼梯更适合艺术画廊”

“基于我喜欢的雕塑，我们创造了弯曲、剥离和折叠材料这一建筑语言，并允许它成为贯穿一切的连接语言，”斯玛特说。

虽然这一住宅的外观能在瞬间吸引人们的目光，而且是一种潜在的标志，但是它的显著特色是正面楼梯中庭。它体量庞大，达到 14 m 高——这个巨大的楼梯更适合艺术画廊，并且它有教堂高高的拱门。它所使用的材料是极简的——一种带点粉红色的灰砖（本地采购）用于地板和楼梯，墙壁和天花板则为混凝土、石膏板。整座房子的地板和墙壁都是使用这些材料，两者都做了打蜡处理，而非涂漆或抛光。墙壁是曲面的：在这边融入拱门，或在那边融入栏杆。在这个空间，你感觉到一种敬畏——自然光从墙壁和天花板上的开缝很柔和地透射进来。

这种照明方式应用于整个房子——自然光从不同的点被引入，带来柔和的光线，营造出变幻无穷的一日之景、一年之景。正立面做了剥离和折叠的处理，它有看似随意、犹如雕塑般的造型，也具有一定功能。在高出地面处，沿房子的前部有 25 m 长的水景，将阳光反射进入房子，并在楼下的餐厅创造出舞动的光“涟漪”。外墙做剥离和折叠处理也有另一个目的——下部曲线为餐厅创造阴凉，中间的造型部分是一个部分遮盖的阳台，而顶部造型

曲线是房子的一个主题。

带有巨大楼梯的中庭非常引人注目。
图 / Sharin Rees

顶楼的私享餐厅与楼下的公共餐厅
形成呼应。

“这所房子富于尺度变化”

内部装修朴素简洁，地面由砖块铺就，墙壁是二次抹灰，配件也很简单。但是，所有家具都是为这所房子定制的。

雕塑造型部分给正立面带来了生气，其中一处被扩展一倍，用作（部分遮盖的）阳台。

部分是一个光勺，它使柔光进入顶楼生活区。在左边，一个引人注目的三层楼门廊将光线引进入口。所有这些意味着整个房子没有硬阴影。“在我心里，项目最大的成功之处是光射入房子后照在这些相当和谐的材料上的方式，”斯玛特说。

在重大场合或必要的亲密时刻，这座建筑达成了两个非常难实现的功能：它既是一个可以举办大型晚宴和活动的宏大场地，又是尼尔森作为一个单身女士在她自己居住时舒适又迷人的住所。这意味着它不能太大、太冷或太庄严。这座建筑通过将分隔大房间的亲密空间混合起来实现了这一点——在这些较小的空间里，天花板高度被降低，特别设计成尼尔森伸手指尖可及天花板的高度。

这所房子富于尺度变化——从大到小，再从小到大。穿过考顿钢大门——这个大门栅栏刻有“Indigo Slam”字样——与一个（实际）重达一吨的旋转门，即进入一个圆形、亲密的小入口空间。走出小入口后，便进入一个大中庭。楼下，是一个供尼尔森和她的朋友喝威士忌和抽雪茄的精致地窖。这里，带有四个方形基座穹顶的砖砌天花板建造过程如下：在木材模板上铺砖，再在上边铺上砂浆，如同做了一层糖衣，然后往上浇筑混凝土板。像房子的其他地方一样，这里也使用了实在的固体材料，创造了不错的装饰效果，免除了内部涂饰的需要。

“有时，在建筑中，材料的实在性是由逻辑和正确性驱动的，”斯玛特说。“但这房子不是为了正确。这些都是相当精致的材料——砖是偏粉色和柔软的，而铺砖的方式是相当有装饰性的……它不是一个现代主义者要做的事情。”

整所房子都没有使用窗帘，而是用了巨大的木制竖向百叶窗。与窗户一样，百叶窗由链条和生黄铜制成的齿轮传动摇窗器手动控制。

操作窗户的摇窗器是斯玛特设计工作室定制的。

一楼是一个放置特别长的餐桌的功能空间。餐厅通过可操控的墙连接到主楼梯中庭，所以它可以关闭或一直开着。二楼是四间卧室——尼尔森给自己和她的客人准备的——通过透明桥梁形式的走道连接到主楼梯。楼上是主要的起居区、厨房和用餐区，以及在楼梯上方的一间整洁的小书房，从书房的一个水平开口可以看到一部分主中庭。整间房子都没有使用窗帘，而是用了巨大的木制竖向百叶窗。这些百叶窗，以及窗户，由链条和生黄铜制成的齿轮传动摇窗器手动控制，一切都由斯玛特设计工作室定制设计。

艺术品是这所房子的另一个主要特点，这也是任何艺术收藏家的房子应该具有的特点。尼尔森的收藏方式很现代，也很大胆，而且她对悉尼艺术圈的贡献注定会因隔壁目前在建的另一个新画廊和表演艺术空间“凤凰”的建成而变得更大。在这间房子里，艺术品的放置是有目的性的：一旦它们被放置在正确的位置上，它们会——或以后将会被螺栓永久固定在墙壁上。在某种情况下，该建筑实际上必须为放置一件作品而改造——尼尔森为餐厅购买一幅巨大画作以后，天花板不得不被抬升和展平。斯玛特似乎不以为然：“我认为它很漂亮。”

建筑也影响了艺术品的布局——虽然尼尔森原本打算用庞大的中央楼梯展示艺术作品，但是感受了房子之后，她改变了主意。“在当时我们真的不知道将哪些作品放置在此，但我们谈到这个空间是可以展示艺术的地方。她的想法从那时起有了改变——她说房间是如此动人，它不需要很多艺术品，”斯玛特说。

这个房子的一个显著特点是尼尔森想要房子是可以长期使用的——她的意图是一切都应该持续存在100年。作为回应，该建筑不能被视为单独的室内和

厨房的大理石墙壁向后弯曲，以便与餐厅产生视觉联系。

“她的目标是房子应该持续存在 100 年”

室外，相反，每种建筑材料都是作为完成品对待。即便是家具，也都为了耐久而制造：由阿德莱德的一位木制家具设计师 Khai Liew 制作，你可以看出来这些都是能世代相传的传家宝。每件都是精心制作且为房子内部带来生机。即使是由 Designer Rugs 定制设计的地毯，也以耐久作为设计目标。房子也融入了可持续特色，如地热加热和冷却系统、交叉通风系统、雨水收集系统、自然采光系统和被动太阳能设计等。

在一座痴迷于水景的城市，尼尔森的选址是非同寻常的——她本可以选择在悉尼的海港或海滩建造她的家——这也是最富有的悉尼人显而易见的选择。她选择在奇彭代尔建造一座非凡的建筑，标志着她对这个城市再开发地区的投资，此处目前正在经历着由一个遍布学生寓所的区域向一个展示世界级建筑的地区转型，让•努维尔（Jean Nouvel）、弗兰克•盖里、Durbach Block Jaggers 事务所和 Denton Corker Marshall 建筑事务所设计的新建筑都坐落于此。如今，在这一列表上又增加了这座建筑，它证明了建筑和艺术结合所产生的巨大魅力。

Smartdesignstudio.com

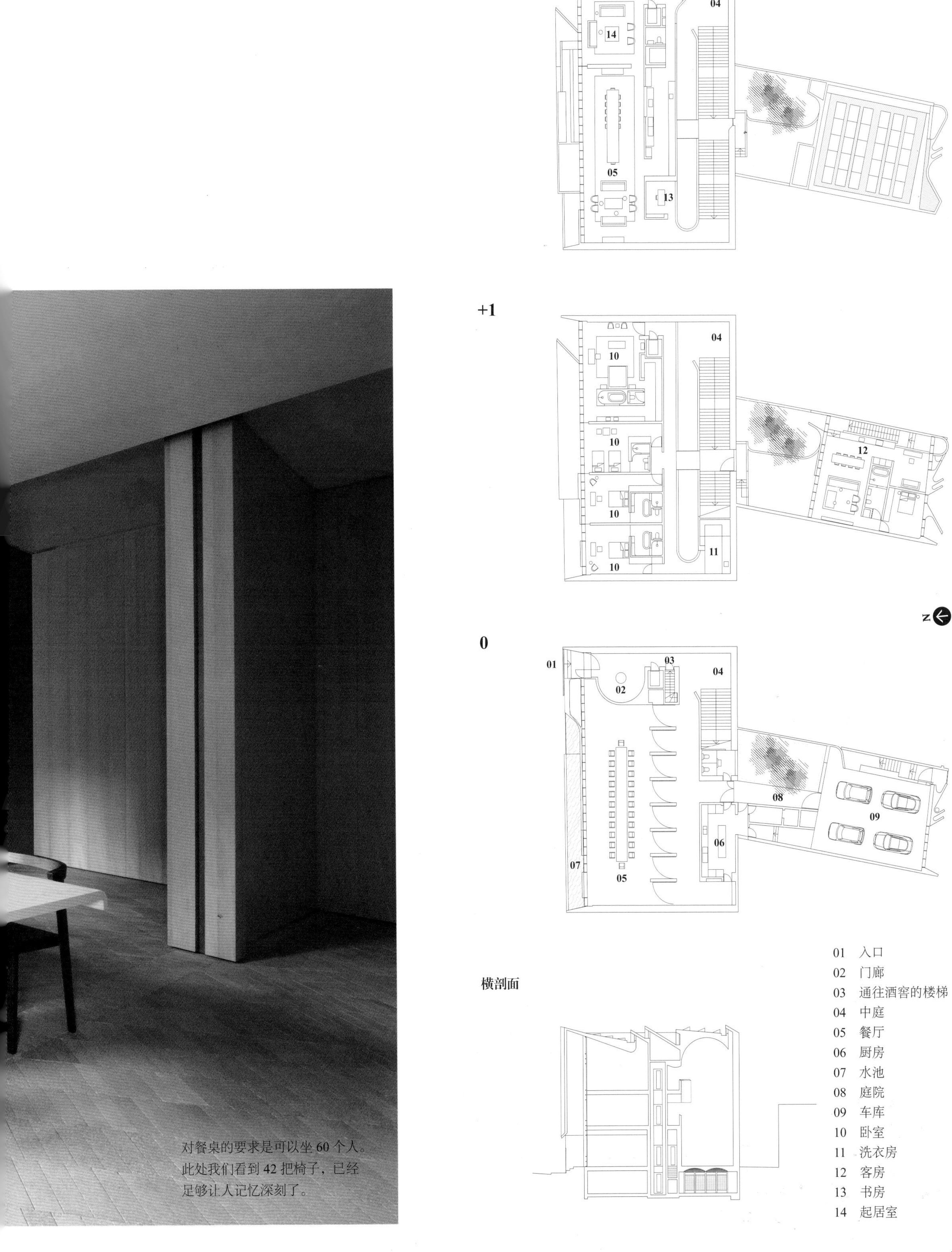

对餐桌的要求是可以坐 60 个人。此处我们看到 42 把椅子，已经足够让人记忆深刻了。

宜居之家

Search 工作室将以前的农舍改造成可容纳一个家庭、两只猫头鹰和几只山羊的居所。

文 / 约翰 • 贝佐尔德（John Bezold）

图 / Ossip van Duivenbode

这座房子坐落于村庄边缘，隔着沟渠与乡野相望。

我痴迷于 Search 工作室为荷兰村庄 Putten 设计的观察塔带给我的喜悦，当时我爬上观察塔的楼梯，经过镜子、玻璃墙和网状地板，一路来到塔顶。在一个地方，只有网将我与 30 m 下面的森林地面分隔。我从处于树林之中的观察塔（2009 年完工）感受的，就是爬升所带来的乐趣。这是因为那个项目的性质（"有什么用途是这座房子做不到的？"我当时想），还是因为 Search 工作室对材料和颜色的敏感，以及认识到建筑不总是需要一个理由吗？在参观 Search 工作室的最新项目——一个先前农舍的扩建项目，位于阿姆斯特丹北部只有一条街的村庄内——可以说趣味主题仍然贯穿该公司作品中。

这个曾经的农舍，经过改造，加入了光线充足又通风的扩建部分，就隐藏在可追溯到 19 世纪初的典型的北荷兰风格房子后边。面积略小于 500 m^2，农舍——虽然有些人可能说是谷仓——已经改变用途，而且尺寸大了一倍多，以便成为一个当地三口之家的新的私人住宅。这个项目的想法很简单，就像大多数引人注目建筑背后的想法：利用现有房子，保留其材料和结构，但通过在西边添加装有玻璃墙的客厅和厨房来扩展空间。扩建部分俯瞰运河，远处是无尽的地平线。当我与 Search 工作室的创始人比亚那•马斯腾布洛克（BjarneMastenbroek）参观此处时，这个家正在装配其最后的内饰；这个项目

一条长长的走廊将一楼的空间联系到一起。

原始空间

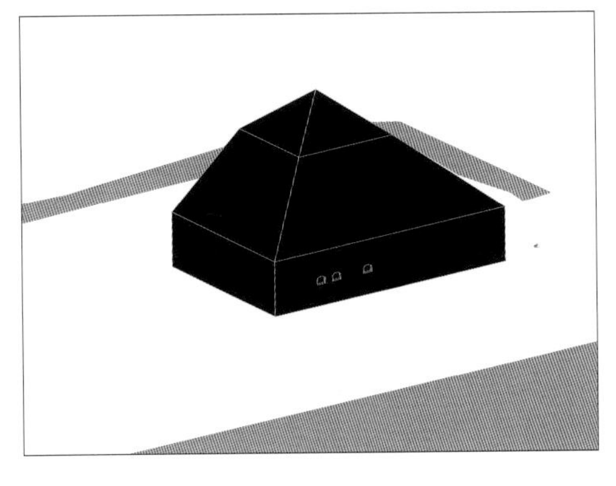

新空间

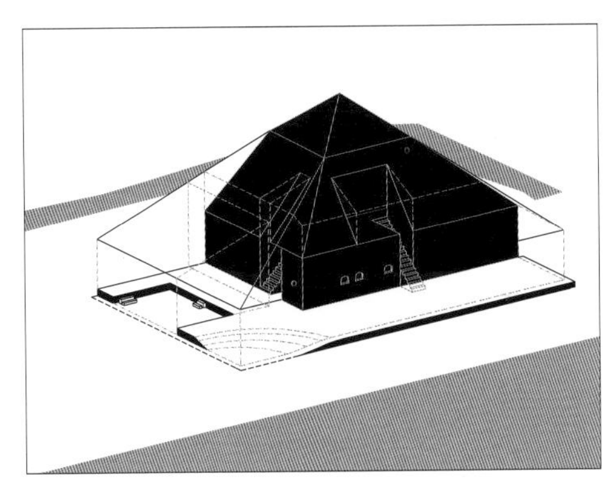

如此特别、令人兴奋，得益于它精巧的定制细节。“建筑应该是有趣的，毕竟它是用来住的，”在我们跨过侧门的门槛时，马斯腾布洛克解释说。这个房子确实有趣：它的两面外墙已经覆盖着已漆成黑色的人工做旧的木材。它似乎已经在这里存在很久了——我被告知这正是它要实现的目标。各种形状和大小的窗户占据了南立面和东立面；有些看起来好像是原始的，虽然只是因为它们是方形的；而其他的则暗示了它们后面连锁的几何形状。北立面和西立面仅由玻璃墙壁构成。它们围合了光线充足而又通风的扩建部分；扩建部分从家的一头延伸到另一头。当人从东南角扫视外部，它几乎不引人注意，而典型的北荷兰

橡木包裹着先前农舍大部分的表面；白墙则界定了大多数扩建的空间。

起居室的一个特色是迪克·范·霍夫（Dick van Hoff）设计的砖砌炉子。

风格材料则主导了视线：红砖，黏土屋顶瓦，许多看起来老旧、重复利用的木板。然而，一旦靠近仔细看，很显然这些外立面，无论砖砌的或黑色的，与邻居的房子大不相同。在东立面，许多窗户占据了大片面积；在南立面，砖墙修筑至此，而玻璃墙延伸出去。

只有进入房子，或走在它周围，巨大的玻璃扩建部分才进入视野。这个部分大约 6 m 宽，23 m 长，作为家庭的起居室、餐厅和厨房。玻璃部分屋顶与原来的房屋屋顶相交处成小锐角；这样，两个低坡屋顶几乎看不出是“缝合”在一起的。原来的农舍结构的名字在荷兰语是“棚屋”，而核心定义了这个建筑；它是农场动物睡觉的地方，也是储藏间。从穿过“传统”的前门进入家时它开始收缩，在通过其橡木镶板走廊的过渡区域时它继续收缩，继续向里走到玻璃扩建区域时才不再收缩。一楼的走廊经过的房子核心，是从原先的干草存储空间改造而成的；它抬升到房子的几乎最高处，有更多不同形状和尺寸的窗

“建筑应该是有趣的，毕竟它是用来住的”

父母卧室的一段楼梯通向步入式衣帽间。

厨房旁边的地板有些起伏不平，营造了一个有趣空间。

户，可以瞥见周围的内部空间。当人抬头时，一螺旋楼梯围墙从一面墙伸出；它通往“三”楼——一个类似阁楼的空间，位于空心核心的上方。空心核心的天花板悬挂着一套体操环；里边隐藏有投影屏，能立即把它变成娱乐中心。玩乐——从字面上来说——是在房子的中心。这个家的内部让人想起阿道夫 • 卢斯（Adolf Loos）迷宫般的多层次空间：他的所谓“空间规划”（Raumplan），就像位于布拉格的穆勒住宅中应用的那样。整个房子可以找到许许多多的楼梯，一些楼梯有很多梯级竖板和踏板，另一些只有寥寥几个梯级竖板和踏板。它们让居住在此的人能够选择许多不同的路线到房间内的同一空间，通过不经意的方式将它们连接起来。意想不到的空间就在二楼的走廊外，如桑拿浴室。偷窥感是这个房子内部的一个缺陷，因为空间相互交错，而内部的窗户使得有些空间能被看到，但是进入这些空间的路线却不明显。但是在房子内部漫步时，新和老的对比变得明确而清晰：橡木包裹着前农舍大多数的表面；白色墙壁则界定了大多数扩建的空间。在房子的后部，一个缩小版房子已经建成，供业主的山羊居住。

在二楼，从不同的窗户都能看见以前的干草储藏间。

Search 工作室越来越多的建筑作品是基于这么一种认识：建造的空间是用来住的。这意味着其作品很少炫耀，或者由于巧妙展示的照片，隐匿在魅力的面纱下。材料的奢华是微妙又低调的。这里有一间下沉式的卧室，那里有一个小型的弯曲的混凝土楼梯。这座房子的豪华，可拿桑拿房为例，是一种无须解释的类型。嵌入式照明，经常嵌入定制加工的木制品内——例如嵌入茧式的木镶板的一楼门厅——突出一种整体感；牢固而恭敬，且对于 Search 工作室和村庄而言，形式新颖。例如，隐藏在别墅的东立面的还有两个新的家园，是为当地猫头鹰准备的。预期它们与主人在同一时间搬进来。这种谦逊的细节代表了项目的考虑，不局限于业主的需要。猫头鹰房子是对公司设计理念的适当隐喻：尊重过去，但不要被它支配，和对意想不到的可能性保持开放的态度。就是在猫头鹰房子这样的细节中，客户和公司之间的对话被完美地体现出来。它们提醒那些居住在Search工作室设计的建筑中的业主放慢速度，观察他们周围的环境，并鼓励业主提出那个尖锐的问题——“有什么用途是这个房子做不到的？”

Search.nl

+1

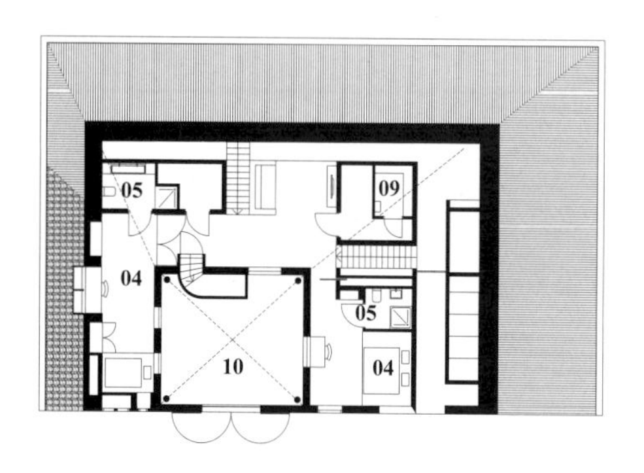

+2

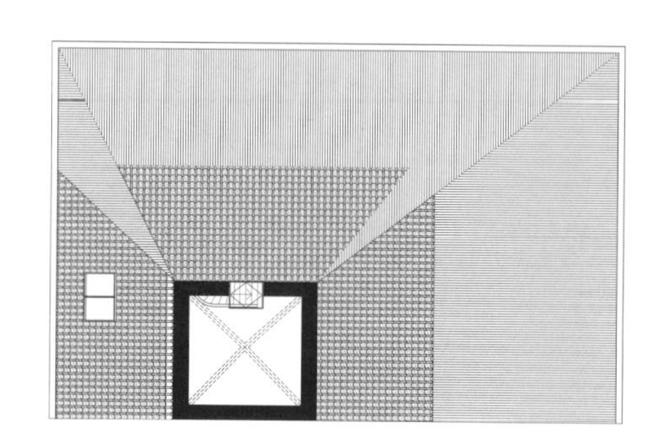

0

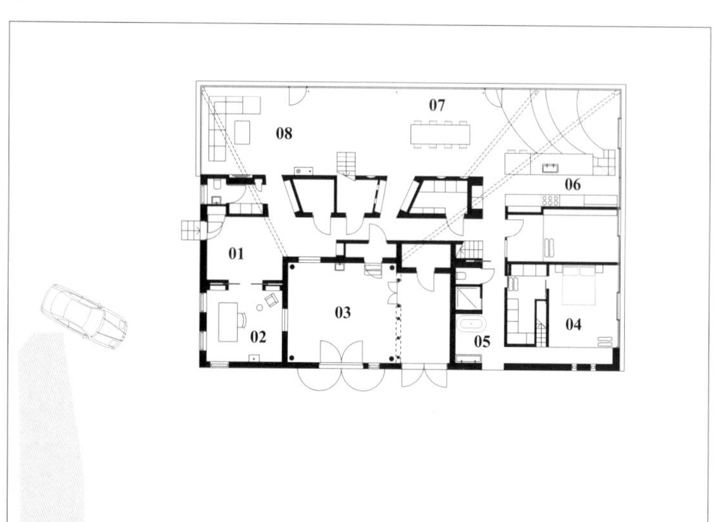

纵剖面

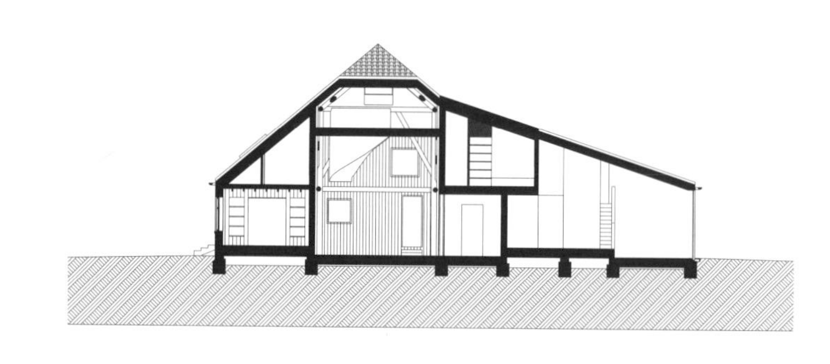

01 入口

02 书房

03 “广场（荷兰语 Vierkant）”（以前的干草储藏间）

04 卧室

05 浴室

06 厨房

07 餐厅

08 客厅

09 桑拿房

10 挑高空间

原农舍的木屋顶结构在二楼和三楼被保留下来。